DROEMER

Über das Buch:
Was wir tun, was uns umgibt, was wir fühlen – alles hat mit Chemie zu tun. Daran lässt die Wissenschaftlerin und Journalistin Mai Thi Nguyen-Kim keinen Zweifel. Sie zerlegt vertraute Alltagsphänomene in ihre chemischen Elemente und erklärt witzig und originell, welche chemischen Reaktionen in und um uns herum insgeheim ablaufen. Das Ganze macht nicht nur schlau, sondern vor allem eins: Lust auf Chemie. Fünf Jahre nach dem ersten Erscheinen von *Komisch, alles chemisch* liegt nun endlich die Taschenbuch-Ausgabe des Bestsellers vor.

Über die Autorin:
Dr. Mai Thi Nguyen-Kim ist Chemikerin und Wissenschaftsjournalistin. Bekannt wurde Sie unter anderem mit ihrem Wissenschaftskanal *maiLab* auf YouTube. Seit 2021 moderiert sie die Wissenssendung *MaiThink X* auf *ZDFneo* und *Terra X* im *ZDF*. Für ihre Arbeit wurde sie vielfach mit renommierten Preisen ausgezeichnet, darunter auch das Bundesverdienstkreuz. 2021 erschien im Droemer Verlag *Die kleinste gemeinsame Wirklichkeit* und stand monatelang auf der SPIEGEL-Bestsellerliste.

»Neben ihrer Fachkompetenz versteht sie es, die Dinge verständlich, leidenschaftlich und kreativ zu vermitteln.« *Ranga Yogeshwar über Mai Thi Nguyen-Kim*

Dr. Mai Thi Nguyen-Kim

Komisch, alles chemisch!

Handys, Kaffee
Emotionen – wie man
mit Chemie wirklich
alles erklären kann

Mit Illustrationen
von claire Lenkova

DROEMER

Besuchen Sie uns im Internet:
www.droemer.de

Taschenbuchausgabe März 2024

Ein Imprint der Verlagsgruppe
Droemer Knaur GmbH & Co. KG
Landsberger Straße 346, 80687 München

Lektorat: Heike Gronemeier
Covergestaltung: Isabella Materne
Coverabbildung: © Thomas Duffé
Illustrationen: © claire Lenkova
Satz und Layout: Sandra Hacke
Druck und Bindung: GGP Media GmbH, Pößneck
ISBN 978-3-426-30191-3

Kontaktadresse nach EU-Produktsicherheitsverordnung:
produktsicherheit@droemer-knaur.de

4 5

Für meine Mama

Meine Eltern sind die liebevollsten Eltern dieser Welt. Ich vergebe selten solche Superlative, aber bei meinen Eltern kann ich das mit bestem Gewissen vertreten. Als starkes Team haben sie gemeinsam gekämpft und ihre eigenen Interessen immer hintangestellt, in einem damals fremden Land ein neues Zuhause geschaffen, um meinem Bruder und mir das privilegierte Leben zu schenken, das wir bis heute genießen.

Oft rede ich nur über meinen Papa, der nicht nur ein wundervoller Vater, Ehemann – und Chemiker – ist, sondern mich und meinen Bruder so inspirierte, dass wir beide auch Chemiker wurden. Doch dieses Buch möchte ich insbesondere meiner Mama widmen. Sie ist diejenige, die mich am meisten geprägt hat, sie ist diejenige, die sich entschloss, zu Hause zu bleiben und sich voller Liebe und Hingabe um meinen Bruder und mich zu kümmern. Sie ist diejenige, die mich jeden Tag gekuschelt, gefördert und motiviert hat. Ihr jahrelanger mütterlicher Volleinsatz hat mich zu dem Menschen gemacht, der ich heute bin. Ohne meine Mama wäre dieses Buch nie entstanden. Also, wenn es euch gefällt, dann bedankt euch bei ihr.

INHALT

VORWORT

Ich war ein ziemlich hässliches Baby. Als ich zur Welt kam, hatte ich Gelbsucht und wollte nichts essen beziehungsweise trinken. Meine Eltern machten sich große Sorgen und gaben alles, um mich so viel wie möglich zu füttern – auch als ich schon längst wieder gesund war. Damit wurde ich zu einem verdammt dicken Baby. Meine ersten Haare formierten sich außerdem zu einer Frisur, die an einen älteren Mann mit unsymmetrischen Geheimratsecken erinnerte. Für meine Eltern war ich natürlich das schönste Baby der Welt.

Als Chemikerin fühle ich mich mit der Chemie manchmal wie eine Mutter mit einem hässlichen Kind, dessen Schönheit nur ich alleine sehen kann. Für die meisten Menschen ist Chemie böse, giftig, künstlich. Oder ein verhasstes Schulfach, das man gar nicht schnell genug abwählen konnte. Diesen Menschen mein Baby schönzureden ist eine Wissenschaft für sich.

Im besten Fall haben die Leute gar keine Vorstellung von Chemie. Sie fragen dann mit großen Augen und einer gewissen Ratlosigkeit im Blick: »Und was macht man so mit Chemie?«

Manchmal würde ich mein Gegenüber dann gerne an den Schultern packen, schütteln und schreien: »ALLES!!! Chemie ist ALLES!!!« Leckeres Essen zum Beispiel ist eine meiner frühesten Assoziationen mit Chemie. Mein Vater ist nämlich ebenfalls Chemiker – und ein hervorragender Koch. Er erklärte mir, dass alle Chemiker gut kochen können. Wer nicht kochen könne, sei auch kein guter Chemiker. Als ich mit dreizehn Jahren anfing, mich für Kosmetik zu interessieren, konnte mir mein Vater dazu ebenfalls alles erklären. Zum Beispiel wie Farbpigmente aussehen, wie Volumenhaarspray funktioniert oder was für einen pH-Wert Gesichtscreme hat. Chemie war für mich also schon immer Teil des Lebens und des Alltags.

Seit meinem Chemiestudium bin ich nicht mehr zu retten. Sei es beim Kaffeetrinken, Zähneputzen oder Sport – ich denke an Adenosinrezeptoren, Fluoride und Stoffwechselenzyme. Beim Spaziergang in der Sonne denke ich an Melanine und Vitamin D, beim Nudelkochen an Siedepunktserhöhung und Stärkepolymere. Und kochen kann ich inzwischen übrigens auch ganz ordentlich. Sonst wäre ich ja keine gute Chemikerin.

Nicht nur von Chemie an sich, sondern auch von den Menschen, die sich damit beschäftigen, haben die Leute so ihre ganz eigenen Vorstellungen. »Du siehst gar nicht aus wie eine Chemikerin«, höre ich oft. Der Erfolg von *The Big Bang Theory* hat uns Nerds zwar salonfähig gemacht, allerdings auch viele Klischees manifestiert, zum Beispiel dass sich Fachkompetenz und Sozialkompetenz kategorisch ausschließen. Das ist nur eines von vielen Klischees, mit denen wir Wissenschaftler kämpfen. Wissenschaftler sind unbekannte Wesen, deren Leben sich in Laboren oder zwischen Bücherregalen abspielen. Niemand weiß, wie wir aussehen, ob wir vielleicht Hobbys haben oder gar Freunde. Sind Wissenschaftler etwa auch nur Menschen? Tja, das weiß man nicht so genau.

Während meiner Doktorarbeit beschloss ich, das Geheimnis um uns Wissenschaftler zu lüften, und zwar mit meinem YouTube-Kanal *The Secret Life Of Scientists* – Das geheime Leben der Wissenschaftler. Ich wollte mit meinen Videos der

Wissenschaft ein Gesicht geben. Ich wollte nicht nur klarmachen, wie cool Wissenschaft ist, sondern auch wie cool Wissenschaftlerinnen und Wissenschaftler sind. Diese Mission ist wie ein ganz schön kompliziertes Forschungsprojekt, an dem ich heute immer noch arbeite. Inzwischen produziere ich den YouTube-Kanal *maiLab* für funk und moderiere *Quarks* im WDR.

Aber warum jetzt noch ein Buch? Weil ich mich hier so richtig austoben möchte. Dieses Buch ist eine Einladung in meine Gedankenwelt als Chemikerin und soll nebenbei auch einen kleinen Einblick in meinen Alltag als Wissenschaftsjournalistin und YouTuberin geben. Doch vor allem möchte ich, dass ihr mit diesem Buch der Chemie einmal ganz tief in die Augen seht und ihrem unwiderstehlichen Reiz erliegt. Und wenn mich mein Glaube an die Menschheit und ihre Neugier nicht trügt, dann werdet ihr nach der Lektüre dieses Buches nicht nur einsehen, dass Chemie wirklich alles ist (komisch!), sondern vielleicht sogar zugeben, wie wunderschön diese Wissenschaft ist.

KAPITEL 1

OCD – Obsessive Chemical Disorder

TRÖT-TRÖT-TRÖT!!!

Der Schreck wirft mich fast aus dem Bett. Mein Herz pocht bis zum Hals.

»Matthiiiiiiaaaaaaaaaaas«, möchte ich empört schreien, nur mein Sprachsystem ist anscheinend noch nicht ganz aktiv. Mein Körper befindet sich in einer seltsamen Mischung aus Halbschlaf und Nahkampf, ich werfe mich auf Matthias beziehungsweise sein Handy und schaffe es wild fuchtelnd, diesen grausamen Wecker auszustellen. Es ist verdammte 6 Uhr morgens.

Matthias hat die schreckliche Angewohnheit, mindestens zweimal pro Woche mitten in der Nacht aufzustehen, um laufen zu gehen. Für mich bedeutet das leider, dass ich immer kurz vor ihm wach werden muss, damit mein Tag nicht mit einem Stresshormongefecht anfängt.

Ich lasse mich morgens am liebsten von einem kaum hörbaren Feengeklingel wecken, weil mein Tag sonst mit Herzrasen startet. Matthias hingegen braucht mindestens

100 Dezibel und dieses schlimme TRÖT-TRÖT-TRÖT, um überhaupt wach zu werden. Deswegen stelle ich meinen Wecker in der Regel eine Minute vor seinem, um mich mental auf den Stress vorzubereiten. Nur heute hatte ich nichts von seinen sportlichen Plänen gewusst.

Ich reiße die Vorhänge auf, um Matthias' Melatoninspiegel zu senken.

»Matthias«, bekomme ich nun endlich heraus.

»Hmm«, brummt der Mann, immer noch im Halbschlaf. Unglaublich.

Das Molekül **Melatonin** wird liebevoll auch Schlafhormon genannt. Es wird in einer kleinen Drüse namens Zirbeldrüse hergestellt, die in der Mitte unseres Gehirns sitzt. Der Spitzname Schlafhormon kommt nicht von ungefähr, denn Melatonin spielt eine wichtige Rolle in unserem circadianen Rhythmus (lat. *circa dies,* »rings um den Tag«), also unserem inneren Schlaf-Wach-Rhythmus: Je höher unser Melatoninspiegel, desto müder fühlen wir uns. Doch praktischerweise hilft Licht dabei, seine Konzentration zu senken. Langsam scheint das auch bei Matthias zu wirken.

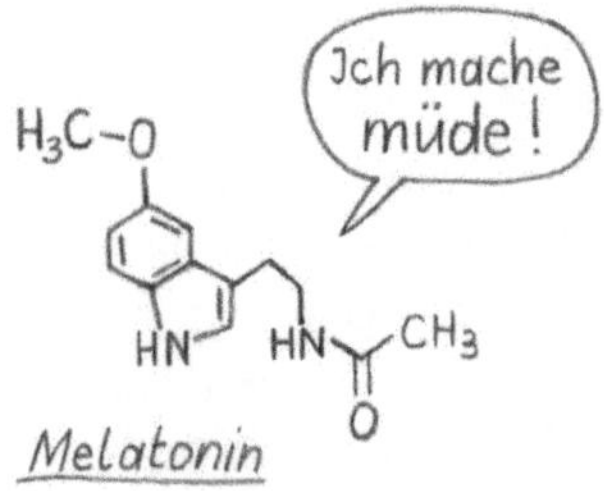

Melatonin

Die Welt in Molekülen zu sehen ist wie ein Zwang für mich, aber ein schöner Zwang. Man könnte sagen, ich leide unter OCD – Obsessive Chemical Disorder. Wenn ich mir vorstelle, wie Nichtchemiker ihren Alltag leben, so ganz ohne an Moleküle zu denken, finde ich das traurig. Sie wissen gar nicht, was sie verpassen. Am Ende lässt sich nämlich alles Interessante irgendwie mit Chemie erklären. Und letztendlich seid ihr, die ihr gerade diese Zeilen lest, nichts anderes als Haufen von Molekülen, die etwas über Moleküle lesen. Und Chemiker sind Haufen von Molekülen, die über Moleküle nachdenken. Das ist schon fast spirituell.

Wie sieht nun mein Morgen in Molekülen aus?

Wie gut wir morgens aus dem Bett kommen, entscheiden vor allem zwei Moleküle. Von dem einen – Melatonin – brauchen wir weniger, von einem anderen dagegen mehr: von dem Stresshormon **Cortisol,** das morgens automatisch ausgeschüttet wird. »Stresshormon« klingt stressig, aber in moderaten Mengen hilft uns Cortisol einfach dabei, in die Gänge zu kommen. Dieser nette Zusatzservice unseres Körpers braucht normalerweise noch nicht einmal einen Wecker. Das TRÖT-TRÖT-TRÖT war nun ein bisschen zu viel des Guten und hat bei mir eine waschechte Fight-or-Flight-Reaktion ausgelöst: Kampf oder Flucht. Ein seit Urzeiten bewährtes, ausgeklügeltes Notfallsystem für den Fall einer drohenden Lebensgefahr.

Generell ist Stress, genau wie Schmerz, eigentlich eine begrüßenswerte Reaktion unseres Körpers. Während Schmerz uns zu verstehen gibt, dass etwas nicht stimmt, hilft uns Stress dabei, unser Leben zu retten. Stellt euch vor, ihr spaziert durch die Steinzeit und lauft dabei einem Säbelzahntiger über den Weg. (Säbelzahnkatze müsste man korrekterweise sagen, aber bleiben wir beim Tiger für die Dramatik.) Da würdet ihr ziemlich blöd dastehen, wenn der Körper nicht sofort einen ordentlichen Batzen Stresshormone ausschütten würde, die euch blitzschnell reagieren lassen. Dann heißt es, entweder raus mit dem Speer (Kampf) oder ab auf den nächsten Baum (Flucht)!

Wir müssen davon ausgehen, dass auch der Säbelzahntiger eine Fight-or-Flight-Reaktion durchläuft. Ob Menschen damals tatsächlich auf dem Speiseplan der Säbelzahntiger standen, ist bisher nicht wirklich geklärt. Immerhin waren Menschen auch »Raubtiere«, und eine solche Begegnung war vielleicht ein Zusammentreffen zweier Jäger, die sich gegenseitig Respekt einflößten. Die Fight-or-Flight-Reaktion ist jedenfalls älter als der Mensch und ist auch in vielen Tieren als Alarmsystem installiert. Und wie funktioniert dieses Alarmsystem? Durch Moleküle natürlich.

Die Moleküle, die in unserem Körper schlummern, müssen zunächst durch irgendeinen Auslöser geweckt werden. In der Steinzeit war es vielleicht ein Säbelzahntiger, heute ist es Matthias' Monsterwecker. Dessen akustisches Signal führt zunächst dazu, dass ein Nervenimpuls vom Gehirn über das Rückenmark bis in die Nebennieren schießt. Die Nebennieren gehören mit der Zirbeldrüse zu den wichtigsten Hormonfabriken unseres Körpers. Dieser Nervenimpuls veranlasst die Nebennieren nun dazu, das wahrscheinlich bekannteste Stresshormon auszuschütten: **Adrenalin.** Das wird prompt in die Blutbahn gepumpt, über die es sich nun auf den Weg zu verschiedenen Organen macht. Ein Hormon ist nichts anderes als ein Botenstoff, also ein Molekül, das wichtige Botschaften überbringt. In diesem Fall lautet die Botschaft: PANIK!!

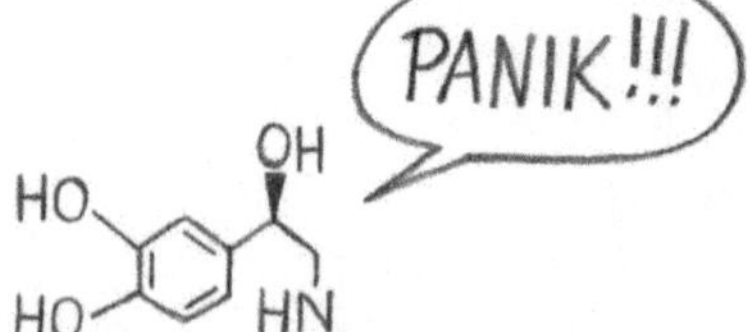

Adrenalin

Während Adrenalin schnell durch die Blutbahn wirbelt, aber auch schnell wieder verschwindet, rüstet sich ein anderes Hormon für den Stresskrieg: **ACTH** *(Adrenocorticotropes Hormon)* wird in der Hirnanhangdrüse produziert und macht sich über die Blutbahn auch auf den Weg in die Nebennieren, das Basislager des Fight-or-Flight-Kampfes.

Kaum angekommen, tritt das Hormon eine ganze Kette chemischer Reaktionen los. Ich stelle mir das gerne vor wie eine dieser typischen epischen Kampfszenen aus Filmen. Nach dem Alarm des Vorboten Adrenalin ist ACTH der Heeresführer, der mit geballter Faust den ersten Kampfschrei loslässt, der die Armee mobilisiert und die Schlacht in Gang setzt. Schließlich wird das zweite Stresshormon **Cortisol** in die Blutbahn geworfen und macht sich ebenfalls auf den Weg zu verschiedenen Organen.

Hormone können eine Vielzahl körperlicher Reaktionen auslösen. Zu einer Fight-Or-Flight-Reaktion gehören unter anderem ein erhöhter Puls, eine stärkere Durchblutung der Muskeln (nach dem Motto: LAUF!!!), eine schwächere Durchblutung unseres Verdauungssystems (nach dem Motto: Lass alles stehen und liegen, wir haben gerade Besseres zu tun!), eine vertiefte Atmung, erweiterte Pupillen, Schweißausbrüche, Gänsehaut und eine erhöhte Aufmerksamkeit.

Durch all diese körperlichen Reaktionen auf die Ausschüttung meiner Stresshormone bin ich jetzt natürlich hellwach, aber das Gefühl, in Lebensgefahr zu schweben, ist nicht gerade angenehm. Den Molekülen kann ich deswegen keinen Vorwurf machen. Unser Körper läuft nun einmal auf einer Chemie, die aufs Überleben getrimmt ist. Die armen Stressmoleküle wissen nicht, dass Matthias' Wecker keine Lebensbedrohung ist. Sie wollen eigentlich nur helfen.

Das Dumme ist nur, dass unser modernes Leben voller Stress ist, in der Schule, im Beruf, in zwischenmenschlichen

Beziehungen. Aber die wenigsten Situationen sind wirklich lebensgefährlich – zumindest nicht akut. Chronischer Stress schlägt durchaus auf die Gesundheit. Damit wir und unsere Moleküle nicht völlig durchdrehen, hat unser Stresssystem zum Glück eine negative Rückkopplung, die dafür sorgt, dass der Körper nicht komplett eskaliert und sich in die Panik hineinsteigert. Das ist unter anderem dem Cortisol zu verdanken, dem Stresshormon mit Selbstdisziplin. Während Adrenalin nur einmal durch die Blutbahn stürmt und dann schnell wieder verschwindet, bleibt Cortisol etwas länger im System und sorgt letztendlich dafür, dass die Ausschüttung von ACTH gehemmt wird – und damit auch seine eigene Produktion.

Eine perfekte Morgenchemie hingegen sähe so aus: Noch während ich schlummere, treffen die ersten Sonnenstrahlen durch meine Augenlider auf meine Netzhaut. Die ist über den Sehnerv mit dem Gehirn verbunden. Dort wird in der Zirbeldrüse nun die Produktion des Schlafhormons Melatonin gehemmt. Da die Zirbeldrüse indirekt mit dem Sehnerv verbunden ist, wird sie manchmal auch »das dritte Auge« genannt. Das klingt esoterisch, aber es ist was dran. Bei Amphibien ist die Zirbeldrüse tatsächlich wie ein drittes Auge, da sie direkt lichtempfindlich ist.

Während mein Melatoninspiegel langsam sinkt, wird eine angenehme Menge an Cortisol ausgeschüttet. Im besten Fall wacht man so von alleine auf.

Matthias ist unglaublich lichtempfindlich, wenn es ums Schlafen geht. Deshalb schläft er nie ohne Schlafbrille. Da er so jegliches Tageslicht wegblockt, sinkt sein Melatoninspiegel morgens nicht so schnell. Künstliche Dunkelheit ist genauso verwirrend für unseren circadianen Rhythmus wie künstliches Licht. Von beidem haben wir in unserem modernen

Leben viel, was unsere innere Uhr aus dem Takt bringt. Meine Hypothese ist, dass Matthias gar keinen Monsterwecker bräuchte, wenn er einfach die Schlafbrille weglassen würde. Matthias hingegen meint, sein Melatoninsystem sei einfach zu empfindlich, ohne dieses wattierte Ding auf der Nase würde er nicht genug Schlaf bekommen.

Was uns beiden die Argumentation schwer macht, ist, dass Melatonin eventuell gar kein Schlafhormon ist. Zum Beispiel steigt der Melatoninspiegel nachts auch bei nachtaktiven Tieren – da wäre es also eher ein »Wachhormon«. Labormäuse wiederum produzieren oft kaum Melatonin wegen einer genetischen Mutation, und trotzdem schlafen die Tiere ganz normal. Plottwist! Also macht Melatonin doch nicht müde? Na ja, auf der anderen Seite gibt es mehrere Studien, die belegen, dass Melatonin als Therapie bei Schlaflosigkeit oder chronisch spätem Einschlafen hilft. Hm. Und jetzt? Schlafforscher sind sich tatsächlich noch nicht einig darüber, wie Melatonin nun genau mit Schlaf zusammenhängt. Solange noch nicht geklärt ist, ob Melatonin wirklich müde macht, können Matthias und ich lange über seine Schlafbrille diskutieren.

Tja, ich will euch direkt im ersten Kapitel eine Sache ans Herz legen: Wer Wissenschaft verstehen will, sollte sich abgewöhnen, nach einfachen Antworten zu suchen. Das klingt zunächst anstrengend, aber ich verspreche euch: Wissenschaftliches Denken macht diese Welt nicht trockener, sondern bunter und wundervoller (im wörtlichen Sinn: voller Wunder). Einigen wir uns jetzt also erst einmal darauf, dass Melatonin kein »Schlafhormon«, sondern eher ein »Nachthormon« ist, das dem Körper übersetzt, was die Augen sehen: Es wird dunkel.

Für Matthias und meinen persönlichen Melatonin-Disput könnte ein Langzeitexperiment Licht ins Dunkel (und in

Matthias' Netzhaut) bringen. Das Problem ist, dass Experimente mit zwei Teilnehmern statistisch nicht haltbar sind. So bleibt uns nur die Diskussion.

Ich gehe in die Küche, um mir einen Kaffee zu machen. Idealerweise sollte man seinen ersten Kaffee nicht sofort, sondern erst eine Stunde nach dem Aufstehen trinken. Denn der morgendliche Cortisolschub ist ja bereits ein körpereigener Wachmacher. Koffein motiviert den Körper ebenfalls zur Produktion von Cortisol. Perfekt, könnte man denken, dann packe ich auf meinen morgendlichen Cortisolpegel einfach noch eine Ladung Kaffee-Cortisol mit drauf! Leider (oder zum Glück) funktioniert unser Körper so aber nicht, denn er hält sich gerne in Balance. Man muss damit rechnen, dass er sich mit der Zeit an den Kaffeeboost gewöhnt, indem er den eigenen morgendlichen Stressservice herunterregelt. Deshalb lieber warten, bis der körpereigene Cortisolschub wieder abgeflacht ist – das dauert etwa eine Stunde –, und dann erst mit einem Kaffee nachlegen.

Weil ich mich aber gerade fühle, als sei mein ganzes Morgencortisol innerhalb von einer Minute schlagartig verpulvert worden, greife ich doch zum Kaffee, um der Müdigkeit entgegenzuwirken, die mich schon wieder erfasst hat.

Falls euch gerade nicht zu heiß ist, holt euch doch auch eine Tasse Kaffee, Tee oder ein Heißgetränk eurer Wahl, das ihr während der Lektüre der nächsten Abschnitte schlürfen könnt. Es gibt nämlich nichts Besseres als ein warmes Getränk, um die Welt in Molekülen zu sehen. Wenn ich meine dampfende Kaffeetasse vor mich auf den Tisch stelle, dann wird nach kurzer Zeit der Tisch unter der Tasse auch warm. Und wenn ich länger warte, wird der Kaffee irgendwann kalt. Habt ihr euch schon einmal gefragt, wo die Wärme eigentlich hingeht?

Damit sind wir auch schon mittendrin in einem meiner Lieblingsthemen: dem **Teilchenmodell.** Klingt erst mal nicht besonders aufregend, aber wartet mal ab – das Ding hat Faszinationsgarantie. Das Teilchenmodell sagt: **Jeder Stoff im Universum besteht aus Teilchen.** Das können Atome sein, das können Moleküle sein – praktischerweise müssen wir beim Teilchenmodell noch nicht einmal wissen, wie diese Teilchen genau aussehen. Und trotz dieser stark vereinfachten Betrachtungsweise können wir damit unsere Welt zum Teil (zum Teilchen, haha) erstaunlich gut beschreiben, wie etwa meinen Kaffee.

Wenn ich einen Kaffee trinke, trinke ich also Kaffeeteilchen. Oder eben Teeteilchen, je nach Wahl des Heißgetränks. Stellen wir uns diese Teilchen vor wie winzige Kugeln, die man mit bloßem Auge nicht sehen kann. In Wirklichkeit sind es hauptsächlich Wassermoleküle, ein bisschen Koffein (oder Teein, das ist übrigens dasselbe Molekül) und noch ein paar andere Moleküle wie Aromastoffe. Diese Teilchen sind in ständiger Bewegung. Das kann man sogar sehen, obwohl man Moleküle ja eben nicht mit bloßem Auge sehen kann.

Wie das gehen soll? Ganz einfach: Nehmt euch ein Glas Leitungswasser und gebt da einen Tropfen Kaffee hinein (noch besser funktioniert es mit Tinte, aber wenn ihr gerade sowieso Kaffee trinkt …). Auch wenn ihr das Glas ruhig auf dem Tisch stehen lasst, ist es nur eine Frage der Zeit, bis sich der Tropfen Kaffee im ganzen Glas verteilt hat, auch ohne Umrühren. Das ist jetzt vielleicht keine Beobachtung, die euch umhauen wird. Aber macht euch einmal klar, was da eigentlich gerade in diesem stillen Glas Wasser los ist! Ein chaotisches Gewimmel und Gezappel, eine regelrechte Teilchenparty! Auf diese unsichtbare Teilchenparty möchte ich euch hiermit einladen – denn genau hier beginnt die Chemie.

Heimexperiment №1

Übrigens: das Wasserglas, die Kaffeetasse, der Tisch, der Boden, auf dem er steht, die Luft und natürlich auch du und ich bestehen aus Teilchen. Und auch die bewegen sich! So etwas wie Stillstand gibt es praktisch nicht. Genau in diesem Moment findet überall – in deiner Tasse, unter deinen Füßen und in deinem Körper – eine Teilchenparty statt, du kannst sie nur nicht sehen.

Man könnte jetzt einwerfen, warum man sich eine Welt aus vielen kleinen Teilchen vorstellen sollte, wenn man davon eh nichts mitkriegt? (Abgesehen davon, dass es einfach eine coole Vorstellung ist. Finde ich zumindest.) Also: Man kann sich dadurch zum Beispiel erklären, wie die verschiedenen **Aggregatzustände** – fest, flüssig und gasförmig – entstehen. Ob ein Stoff **fest, flüssig** oder **gasförmig** ist, hängt davon ab, wie beweglich die Teilchen sind.

Meine Kaffeetasse ist fest, weil sich die Tassenteilchen nur wenig bewegen. Sie sind nämlich über molekulare Bindungen miteinander verknüpft. Über chemische Bindungen werden wir später noch ausführlich reden, aber stellen wir uns die molekulare Situation vorerst so vor: Ihr steht bei einem Konzert in einer dicht gedrängten Menschenmasse und könnt euch kaum bewegen. Aber ihr springt natürlich trotzdem herum, so gut es eben geht. So könnt ihr euch die Teilchen innerhalb eines Feststoffs wie einer Kaffeetasse vorstellen.

Im flüssigen Inhalt der Tasse, dem Kaffee, sind die Teilchen nun schon etwas beweglicher, auch wenn sie noch stark miteinander wechselwirken. Auf dem Konzert befänden wir uns hier im Moshpit vor der Bühne, wo wild herumgesprungen wird. Die gasförmigen Luftmoleküle, die wir gerade einatmen, sind aber die wildesten. Die bewegen sich ganz ohne Rücksicht auf ihre Mitmoleküle. Hierzu müsste man das Konzertgelände um ein Vielfaches vergrößern, sodass alle Zuschauer frei herumrennen und Purzelbäume schlagen können, ohne sich dabei in die Quere zu kommen.

Um zwischen Aggregatzuständen zu wechseln, muss man die Temperatur verändern, das kennen wir vom Wasser. Erhitzen wir festes Wasser, also Eis, schmilzt es zur Flüssigkeit; erhitzen wir es noch weiter, verdampft das Wasser und wird gasförmig. Trifft der Wasserdampf nun auf eine kühle Fläche, etwa wie beim Spiegel im Bad, kondensiert er, wird also wieder flüssig. Kühlen wir Wasser weiter ab, erstarrt es zu Eis.

Ist doch alles klar, warum erzähle ich euch das? Weil ich einen kleinen Mindblow für euch habe: **Temperatur ist nichts anderes als die Bewegung von Teilchen. Je heißer, desto schneller, je langsamer, desto kälter.** Ist es nicht cool, eine molekulare Definition für Temperatur zu haben? Findet ihr das nicht auch viel befriedigender als eine Temperatur auf einem Thermometer?

Wenn man sich jetzt die dampfende Kaffeetasse anschaut, ergibt alles viel mehr Sinn: Der Kaffee ist heiß, das bedeutet, die Wassermoleküle bewegen sich schnell und stoßen dabei aneinander. Diejenigen, die verdampfen, sind so schnell und brauchen so viel Platz, dass sie sich vor lauter Bewegungsdrang aus der Kaffeetasse heraus in die Gasphase verabschieden.

Wie überträgt sich nun die Wärme vom Kaffee auf die Tasse und von da weiter auf den Küchentisch? **Wärmeleitung** funktioniert durch Zusammenstöße zwischen Teilchen und durch Übertragung von Bewegungsenergie. Die Kaffeeteilchen sausen also in der Tasse umher und stoßen dabei immer wieder gegen den Rand der Tasse. Wie beim Autoscooter geraten dadurch auch die Tassenteilchen stärker in Bewegung und beginnen, schneller zu schwingen. Die Tassenteilchen stoßen ihrerseits an die Teilchen des Küchentischs und bringen den ebenfalls stärker in Schwingung. Und weil die Wärmeleitung immer in Richtung des jeweils kälteren Ortes verläuft, wird der Tisch unter der Tasse warm.

Jetzt verstehen wir auch, warum der Kaffee irgendwann kalt wird: nämlich aus demselben Grund, warum ein angestoßenes Pendel irgendwann wieder stillsteht. Wie beim Autoscooter bremsen sich die Teilchen bei jedem Zusammenstoß gegenseitig ab, bis alle wieder auf Raumtemperatur beziehungsweise »Raumgeschwindigkeit« sind.

Alle Teilchen sowie das gesamte Universum mit allem, was es beinhaltet, folgen dem **Ersten Hauptsatz der Thermodynamik.** Wir können ihn hier gleichsetzen mit dem Energieerhaltungssatz, der sagt, dass Energie niemals erschaffen oder vernichtet, sondern lediglich umgewandelt werden kann. Man kann stattdessen auch sagen: Die Gesamtmenge der Energie bleibt immer konstant. Wenn ein Teilchen an Energie gewinnt, muss dieselbe Menge an Energie an anderer Stelle verloren gehen. Wenn ein Teilchen beim Zusammenstoß einen Teil seiner Bewegungsenergie auf ein anderes Teilchen überträgt, das dadurch schneller wird, muss es selbst langsamer werden. Wenn nicht, wäre das so, als hätte man Energie aus dem Nichts erschaffen, und das ist nicht möglich. Auch Energie vernichten ist gegen die Gesetze der Thermodynamik, weswegen man so manchen Physiker oder Chemiker ganz herrlich ärgern kann, wenn man im Alltag von »Energie verschwenden« redet. (Falls ihr Physiker oder Chemiker kennt, probiert das mal aus.)

Bevor ich euch weiter in meinen Tag mitnehme, noch ein letztes interessantes Gedankenexperiment mit dem Teilchenmodell, möglicherweise das interessanteste von allen: Wo auch immer ihr gerade sitzt, die Gegenstände um euch herum fühlen sich verschieden warm oder kalt an. In einem geschlossenen Raum haben alle Gegenstände allerdings ein und dieselbe Temperatur, nämlich **Raumtemperatur.** Warum ist jetzt aber ein Metalllöffel offenbar kälter als ein Holztisch?

Na ja, eine Sache in diesem Raum hat keine Raumtemperatur, und das ist euer Körper. Der hat ja eine Körpertemperatur, und die liegt höher als die Raumtemperatur, zumindest hoffe ich das doch sehr für euch. Was ihr fühlt, wenn ihr einen Löffel oder einen Holztisch anfasst, ist nichts anderes als eure eigene Körperwärme! Wenn diese Wärme schnell von euch weggeleitet wird, fühlt sich der Gegenstand kalt an, wenn sie langsam weggeleitet wird, fühlt er sich warm an.

Wenn ich den Löffel in die Hand nehme, stoßen meine Handteilchen an die Löffelteilchen und bringen diese in Schwingung. Je schneller die Metallatome des Löffels schwingen, desto wärmer wird der Löffel. Metall ist nun ein guter **Wärmeleiter:** Wenn die Metallteilchen von meinen Fingerteilchen angestoßen werden, pflanzt sich diese Bewegung durch den Löffel gut fort. Warum Metall ein guter Wärmeleiter ist, liegt in der Art und Weise der chemischen Bindung innerhalb des Metalls. Die werden wir uns in *Kapitel 8* genauer ansehen. Fürs Erste könnt ihr euch die Bindungen im Metall vorstellen wie ein Klettergerüst aus Seilen. Wenn ein Kind beim Klettern auf einem dieser Seile herumspringt oder herumwackelt, dann pflanzt sich diese Bewegung schnell durch das ganze Klettergerüst fort. Ein zweites Kind auf der anderen Seite des Klettergerüstes wird direkt mitgeschaukelt. Gleichzeitig wird die Bewegung des springenden Kindes durch den Energieerhaltungssatz gedämpft: Dadurch, dass das Kind seine Bewegungsenergie auf das Netz und das andere Kind überträgt, wird es selbst langsamer. Seine Bewegung wird gedämpft. Thermodynamisch betrachtet heißt das: Es wird langsamer, energieärmer – sprich kälter.

Es gibt aber auch Klettergerüste aus festen Stangen. Wenn das Kind nun hier auf einer Stange herumspringt, so wird das nicht viel Einfluss auf das zweite Kind auf demselben Klettergerüst haben. Seine eigenen Bewegungen werden kaum gedämpft und anderswohin übertragen, weshalb es schneller und dadurch wärmer ist. Ein solches Stangenklettergerüst entspricht einem schlechten Wärmeleiter wie Holz. Wenn du deine Hand auf einen Holztisch legst, bringst du dadurch nur diejenigen Holzteilchen zum Schwingen, die in unmittelbarer Nähe zu deiner Hand sind. Die Schwingung und Bewegung pflanzt sich nicht so gut weiter durch das Holz fort. Es fühlt sich wärmer an als der Metalllöffel.

Wenn Temperatur nichts anderes ist als die Bewegung von Teilchen, kann man sich auch den **Zweiten Hauptsatz der Thermodynamik** besser vorstellen. Der sagt: Wärme fließt immer vom Warmen zum Kalten und nie andersrum.

Wenn du eine Flasche Cola in einen Eimer Eiswürfel steckst, dann fließt nicht etwa die Kälte aus dem Eis in die Flasche, sondern es ist genau umgekehrt: Die Wärme von der Flasche fließt in die Eiswürfel, diese erwärmen sich, und die Flasche kühlt dadurch ab.

Wenn ihr mit diesem Wissen das nächste Mal jemanden sagen hört: »Mach das Fenster zu, die Kälte kommt rein«, dann lasst diesen thermodynamischen Unsinn nicht auf euch sitzen und sagt: »Du meinst wohl, die Wärme geht raus!« Und wenn ihr euch dann noch aufregt, wann immer jemand von »Energie verschwenden« spricht, könnt ihr euch bereits ziemlich unauffällig unter die Nerds mischen. Denn soeben habt ihr die Einführung in die **Physikalische Chemie** gemeistert, herzlichen Glückwunsch! Und das im besten Fall noch bevor ihr euren Kaffee ausgetrunken habt.

Matthias kommt in die Küche und tätschelt entschuldigend meinen Kopf.

»Tut mir leid, ich habe vergessen, dir zu sagen, dass ich heute laufen gehe.«

»Schon gut«, sage ich, »ich muss sowieso wieder meinen Schlafrhythmus anpassen.«

Obwohl ich es theoretisch besser weiß, liebe ich es, am Wochenende auszuschlafen. Damit versetze ich mich jedes Wochenende in einen »Social Jetlag«. Mein circadianer Rhythmus kann natürlich nicht zwischen Wochentag und Wochenende unterscheiden. Wochenenden sind zwar eine super Sache, aber ein modernes, gesellschaftliches Konstrukt, mit dem unser Körper erst mal nicht viel anfangen kann. Eigentlich richtet sich unser natürlicher Melatoninspiegel mehr oder weniger nach der Sonne. Doch ich bin bei Sonnenaufgang todmüde und gehe dafür viel zu spät ins Bett. Mein Leben mit Kaffee, künstlichem Licht und Monsterweckern verwirrt meinen Körper ständig mit falschen Reizen. Forscher konnten beobachten, dass eine Woche Zelten in der freien Natur, fernab von Kaffee, künstlichem Licht und Handys, den Melatoninzyklus wieder an die Sonnenzeit anpasst. Zu dumm, dass ich nicht gerne zelte.

Doch eine Sache ist wirklich seltsam: Unsere innere Uhr funktioniert prinzipiell auch ohne Licht. Wir haben uns auf dieser Erde, deren Tage nun einmal 24 Stunden haben, genau so entwickelt, dass unsere innere Uhr mit nur kleinen Abweichungen auf 24-Stunden-Tage eingestellt ist. Das Licht hilft uns dabei, unsere innere Uhr zu stellen, sprich die Tage zu synchronisieren und uns zum Beispiel an einen Jetlag anzupassen.

2017 wurde der Nobelpreis für Medizin an drei amerikanische Forscher verliehen, die unsere innere Uhr aufschlüsselten. Dazu hielten sie Fruchtfliegen in zwei verschiedenen Kammern, die sie mit »New York« und »San Francisco« beschrifteten, und inszenierten die Belichtung nach dem jeweiligen Sonnenrhythmus der beiden Küstenstädte. Immer wieder wurden Fruchtfliegen in ein »Flugzeug« (ein Glas) gesetzt und reisten zur anderen »Stadt«. Die Amerikaner beobachteten, wie die Fliegen mit dem 3-Stunden-Jetlag umgingen.

Dabei fanden sie heraus, dass zwei verschiedene Gene essenziell für die innere Uhr sind. Bei Genen wird die Chemie erst richtig spannend! Unsere **DNA** ist nicht nur selbst ein Molekül, sondern sorgt auch für die Produktion anderer, lebenswichtiger Moleküle. In unseren Genen sind all die Informationen codiert, die wir zum Leben brauchen, auch die über unsere innere Uhr. Dieser Code kann gelesen und übersetzt werden, indem diese Gene **Proteine** produzieren. Mit anderen Worten: Die Gene haben den Plan, die Proteine setzen ihn um. (Proteine sind ganz gewitzte Moleküle, von denen wir im Laufe des Buches noch einiges mehr hören werden.)

Die beiden »Uhr-Gene« produzieren also zwei »Uhr-Proteine«. Im Laufe des Tages steigt die Konzentration der beiden Proteine zunächst an. Doch dann verbinden sich die zwei zu einer Einheit, und in diesem Zweierteam sind sie dazu in der Lage, den eigentlichen Plan ihrer Gene in die Tat umzusetzen: Die Hemmung ihrer eigenen Produktion. Yep, ihr habt richtig gelesen. Diese Proteine werden produziert, um ihre eigene Produktion wieder zu stoppen. Sie bewirken nämlich, dass ihre eigenen Gene nicht mehr »gelesen« werden können. Ähnlich wie beim Cortisol und dem Stress haben wir hier eine negative Rückkopplung. Werden keine neuen Uhrproteine mehr produziert, sinkt ihre Konzentration wieder. Schließlich ist die Proteinkonzentration so niedrig, dass das Ablesen der Gene nicht mehr länger gehemmt wird – und die Produktion der Proteine beginnt von Neuem. Und dieser ganze Zyklus dauert eben fast exakt 24 Stunden. Tag und Nacht sind also in unseren Genen kodiert.

Ich habe allerdings das Gefühl, dass mit meinen Genen irgendetwas nicht stimmt. Ich bin davon überzeugt, dass mein Körper für einen 30-Stunden-Tag gemacht ist – ich bräuchte viel längere Tage und viel mehr Schlaf. Ich würde mich gerne mal untersuchen lassen.

»Ich muss los«, sagt Matthias.

Mein Handy vibriert. Erstaunt sehe ich, dass es Christine ist. Um diese Zeit schon wach?

»Ich glaube, Jonas ist gestorben«, schreibt sie.

»Ich ruf dich gleich an«, antworte ich.

Matthias, schon in Laufklamotten, reckt noch mal den Kopf durch die offene Tür und fragt, ob er einen Schlüssel mitnehmen soll.

»Nein«, sage ich. »Mach die Tür zu, die Wärme geht raus!«

KAPITEL 2

Tod durch Zahnpasta

Wo bist du gerade?«, frage ich, als Christine endlich an ihr Handy geht.

»Auf dem Weg ins Labor.« Sie klingt verärgert.

»Also, was ist jetzt mit Jonas?«

»Bei dem war ich gerade.«, schnaubt sie.

»Du hast also doch bei ihm übernachtet? Wie …«

»Mai«, unterbricht sie mich. »Er benutzt NATURZAHN-PASTA.«

»Wie?«

»Ohne Fluoride.«

Ach du Scheiße, denke ich. Jonas ist ein ganz süßer Physiker, mit dem Christine seit ein paar Wochen was am Laufen hat. Wir kennen ihn eigentlich schon länger über unseren Kumpel Hannes, der ist ebenfalls Physiker. Obwohl Jonas extrem gut aussehend ist, hatte sich Christine nie besonders für ihn interessiert. Ich würde sie als sapiosexuell bezeichnen, sprich, sie fühlt sich emotional und körperlich nur zu intelligenten Menschen hingezogen. Als uns Hannes irgendwann erzählte, dass Jonas »das totale Brain« sei und immer Semesterbester war, war Christine dann plötzlich ganz scharf auf ihn. Umso erschreckender, dass er Zahnpasta ohne Fluoride benutzt.

»Bist du sicher?«, frage ich. »Vielleicht lag es an der Tube, die machen ja alle heute so ein biomäßiges Marketing. Schließlich gibt es auch Kräuterzahnpasta mit Fluoriden.«

»Nein, es stand ganz groß ›OHNE FLUORIDE‹ drauf. Und die Liste mit den Inhaltsstoffen habe ich mir auch durchgelesen.«

»Aha. Und was ist dann drin, wenn keine Fluoride drin sind? Was ist der Ersatzstoff? Hast du es mal …«

»Darum geht es jetzt nicht«, unterbricht mich Christine.

Oh, oh. Wenn sie noch nicht einmal Lust hat, über Inhaltsstoffe zu sinnieren, ist es wirklich ernst.

»Ich bin so abgeturnt. Ich denke, Jonas ist für mich gestorben.«

Diagnose »Tod durch Zahnpasta«, denke ich. Ironischerweise genau das, was Jonas vielleicht wirklich fürchtet.

»Aber hast du ihn mal gefragt? Vielleicht hat er beim Kaufen nur nicht darauf geachtet.«

»Er sagt, Fluoride verkalken die Zirbeldrüse. Und dann wusste er noch nicht einmal genau, wo die Zirbeldrüse ist!«

Tja, Physiker sind halt doch keine Chemiker, denke ich.

»Hydroxylapatit«, sagt Christine unvermittelt.

»Was?«

»Der Ersatzstoff für Fluorid in dieser Kräuterzahnpasta«, schnaubt sie. »Lächerlich.«

»Du meinst Hydroxylapatit wie im Zahnschmelz?«

»Ja! Warum ist so etwas überhaupt erlaubt?«

»Interessant«, sage ich.

»Mach mal bitte ein Video darüber«, sagt Christine. »Ich bin jetzt im Labor. Wir reden später.«

Ein Video über Fluoride und Zahnpasta wäre wirklich eine gute Idee, denke ich. Für viele ist es kurios, dass ich Chemie studiert und eine Doktorarbeit drangehängt habe, nur um jetzt »irgendwas mit Medien« zu machen. Aber ich mache das mit Überzeugung. Als Wissenschaftlerin muss man nicht unbedingt nur im Labor forschen, um der Menschheit zu dienen. Es ist genau so wichtig, über Wissenschaft zu reden. Denn es ist für Laien echt verdammt schwer, an verständliche und gleichzeitig korrekte wissenschaftliche Infos zu kommen. Im Netz kursieren viele Halb- bis Unwahrheiten, die erschreckend überzeugend verkauft werden. Verlässliche Informationen findet man zwar in Fachbüchern und aktuelle Forschungsergebnisse in wissenschaftlichen Journalen, doch vor allem Letztere lesen sich wie ein Albtraum, selbst für Experten. Wissenschaft ist wie ein elitärer Club mit geheimer Codesprache. Zwar ist es nur sinnvoll, wenn sich Experten untereinander ihrer Fachsprache bedienen. Aber eigentlich ist es auch absurd, dass ein Laie sie nicht verstehen kann, denn ein Großteil der Forschung wird von öffentlichen Geldern finanziert. Die Steuerzahler können also gar nicht nachvollziehen, was mit ihrem Geld genau gemacht wird. Deswegen finde ich, es könnte ruhig mehr Wissenschaftler auf YouTube und im Fernsehen geben, um zu »übersetzen«.

Während ich erst mal in Ruhe weiter frühstücke, fangen wir doch mit dem Unterschied zwischen Fluorid und Fluor an. Das Thema passt nämlich perfekt zu meiner Teflonpfanne, in die ich jetzt mein Frühstücksei schlage – behaltet das im Hinterkopf, während ich ein bisschen aushole:

Fluoride sind eine Form des Elements **Fluor.** Schaut mal in das Periodensystem der Elemente. Da findet ihr Fluor (F) in der siebten Hauptgruppe, man nennt die Elemente dieser Gruppe auch **Halogene.** Fluor ist ein Gas, das vom Geruch an das bekannte Schwimmbad-Halogen **Chlor** erinnert – wobei ich hoffe, dass ihr es niemals riechen werdet. Denn Fluor ist verdammt gefährlich.

Was meine ich mit »verdammt gefährlich«? Damit meine ich, dass bereits kleinste Mengen Fluorgas in der Luft eure Augen und Lunge verätzen würden. Dieses aggressive Verhalten ist auf die hohe Reaktivität des Fluors zurückzuführen. Grobe Faustregel: Je leichter und schneller ein Stoff mit einem anderen eine chemische Reaktion eingeht, desto gefährlicher – weil unkontrollierbarer – ist dieser Stoff. Es gibt noch andere Gründe, warum Stoffe gefährlich oder giftig sein können, aber dazu kommen wir später.

Fluorgas jedenfalls reagiert mit Wasser zu **Flusssäure.** Schreckliches Wort mit drei s, passend zu den Eigenschaften: Kippt man sie sich aus Versehen auf die Hand, verätzt sie nicht nur die Haut, sondern sickert auch fröhlich bis zum Knochen durch und löst ihn auf. Dagegen sehen andere gefährliche Säuren wie **Salzsäure** (die entsprechende Säure des Chlors) fast harmlos aus.

Also: Haltet euch bitte von elementarem (sprich reinem) Fluor und Flusssäure fern! Dazu müsst ihr beachten: Nichts. Denn die beiden kommen in der Natur (und in Zahnpasta) zum Glück gar nicht vor. Das liegt an einer einfachen weiteren chemischen Faustregel: Je reaktiver eine Verbindung, desto seltener kommt sie in der Natur vor. Das ist eigentlich auch ganz logisch. Denn wenn Fluor so aggressiv ist, dass es mit

allem reagiert, was nicht bei drei auf den Bäumen ist, dann kann man davon ausgehen, dass alles Fluor da draußen bereits »abreagiert« ist.

Flusssäure kann man aber im Labor herstellen. Das macht man nicht etwa, weil man als verrückte Chemikerin die Weltherrschaft an sich reißen möchte, sondern wegen der Spiegeleier. In einem chemischen Labor mit entsprechender technischer Ausstattung kann man sich aussuchen, was man der Flusssäure als Reaktionspartner anbietet. Mit der richtigen Partnerwahl kann man zum Beispiel **Polytetrafluorethylen** herstellen, kurz **PTFE,** auch bekannt als **Teflon!** Da sind wir also wieder bei meiner Pfanne und dem Frühstücksei.

Aber was ist jetzt mit den Fluoratomen, die in meiner Teflonpfanne sitzen? Habe ich dann auch Fluor an meinem Ei? Gute Frage – jetzt wird's tiefgründig.

Die meisten Elemente, und seien sie noch so reaktiv und aggressiv, haben auch eine stabile Form, in der sie unreaktiv und entspannt sind. Ob ein Atom eher aggressiv oder eher entspannt ist, wird durch seine innere Zusammensetzung bestimmt. Wie im Rest des Lebens sind es auch in der Chemie immer die inneren Werte, die zählen. (Oder fast immer. Beim Teilchenmodell spielt das Innere der Teilchen tatsächlich keine Rolle.)

Atome stellen wir uns oft vor als die kleinsten Teilchen, die kleinsten Bestandteile unserer Welt – nur stimmt das eigentlich nicht. Atome bestehen ihrerseits wieder aus drei verschiedenen Elementarteilchen: aus **Protonen, Neutronen** und **Elektronen. Protonen sind positiv geladen, Neutronen sind elektrisch neutral, und Elektronen sind negativ geladen.** Aus nur drei verschiedenen Bausteinen besteht unsere gesamte Welt in all ihrer Vielfalt. (Ein Physiker würde jetzt etwas anderes sagen, aber man muss die Dinge nicht unnötig kompliziert machen.) Und das ist ziemlich verblüffend. Denn wenn ich Eier, Mehl und Milch zusammengebe und erhitze, bekomme ich mal Crêpes, mal Spätzle, je nachdem wie und in welcher Zusammensetzung ich die drei Zutaten kombiniere. Und auch wenn Crêpes und Spätzle sicher zwei verschiedene Gerichte sind, so haben sie doch mehr gemeinsam als etwa Gold und Sauerstoff. Trotzdem sind sowohl das Metall Gold als auch das Gas Sauerstoff aus denselben drei Bausteinen aufgebaut. Ist das nicht geradezu unglaublich?

Was aber macht nun das Gold zu Gold und den Sauerstoff zu Sauerstoff, wenn es nicht die Bausteine an sich sind?

Die Art des Elements wird durch die Anzahl seiner Protonen bestimmt. Wie viele Protonen ein Element besitzt, verrät uns das Periodensystem der Elemente. Hier sind alle Elemente geordnet – aber nach welcher Reihenfolge? Die sogenannte **Ordnungszahl** gibt die Reihenfolge im Periodensystem vor. Und diese Ordnungszahl entspricht der Anzahl der Protonen. Ein schneller Blick ins Periodensystem verrät uns: Sauerstoff steht an Stelle Nr. 8, hat also 8 Protonen. Gold steht an Stelle Nr. 79, ist also aus 79 Protonen aufgebaut. Und allein dieser Unterschied macht Sauerstoff zu Sauerstoff und Gold zu Gold.

Früher versuchten Alchemisten, die Vorgänger der Chemiker, unedle Metalle in Gold umzuwandeln. Heute wissen wir, dass es keine Labortechnik gibt, die das ermöglicht. Der Grund dafür liegt im Aufbau der Atome.

Ihr kennt vielleicht Bilder wie dieses:

So ein Bild sagt uns: Ein Atom besteht aus einem Kern und einer Hülle. Der Kern setzt sich zusammen aus positiv geladenen Protonen und elektrisch neutralen Neutronen, in der Summe ist der Atomkern also positiv geladen. Die Atomhülle besteht aus negativ geladenen Elektronen, die um den Kern herumsausen.

Wie schwer ein Atom ist, bestimmt allein der Kern, also die Anzahl der Neutronen und Protonen. Die Elektronen wiegen nämlich so gut wie nichts, deswegen lohnt es sich gar nicht, deren Gewicht mit einzubeziehen. Das ist so, als würde

Masse eines Kohlenstoffatoms: 0,000 000 000 000 000 000 000 02g

man verschiedene Elefanten wiegen, auf deren Rücken ein paar Federn liegen. Da können wir das Federgewicht auch vernachlässigen.

Ein einziges Atom wiegt natürlich nicht viel, weil es nun einmal winzig ist, aber natürlich haben auch Atome eine Masse, sonst hätte dieses Buch oder dein Körper ja auch keine Masse.

Ein Goldatom ist mit seinen 79 Protonen deutlich schwerer als ein Sauerstoffatom mit seinen 8 Protonen. Hinzu kommen die Neutronen, und jedes Neutron wiegt etwa so viel wie ein Proton. Pro Atomkern sind es nach grober Faustregel etwa genauso viele Neutronen wie Protonen. Rechnet mal alles zusammen, ist ein Goldatom etwa zwölfmal schwerer als ein Sauerstoffatom.

Im Gegensatz dazu wird das Volumen, also die Größe des Atoms, nicht vom Kern, sondern von der Elektronenhülle bestimmt. Denn der Kern ist – im Vergleich zum ohnehin winzigen Atom – so winzig klein, dass man sein Volumen vernachlässigen kann. Das ist so ähnlich wie bei Zuckerwatte. Wenn die Zuckerwatte die Elektronenwolke ist, dann ist der Stab der Atomkern. Wie groß die Zuckerwatte wird, hängt nur von der Zuckerwatte an sich ab. Ob der Stab jetzt ein bisschen dicker oder dünner ist, macht für die Zuckerwattewolke am Ende keinen bedeutenden Unterschied. Wir stellen uns den Atomkern als sogenannte Punktmasse vor, sprich eine Masse, die praktisch kein Volumen hat, sondern nur auf einen winzigen Punkt konzentriert ist.

Das Atom ist also so groß wie seine Elektronenhülle. Wie groß diese Hülle genau ist, hängt unter anderem von der Anzahl der Elektronen ab. Praktischerweise hat ein Atom standardmäßig genauso viele Elektronen wie Protonen. So heben sich nämlich die positiven und negativen Ladungen auf, und wir haben in der Summe ein elektrisch neutrales Atom. In der Elektronenhülle von Gold schwirren demnach 79 Elektronen herum, bei Sauerstoff sind es nur acht. Und da jedes Elektron seinen Platz braucht, hat Gold eine größere Elektronenhülle als Sauerstoff. Ein Goldatom ist daher mehr als doppelt so groß wie ein Sauerstoffatom.

So viel zu Masse und Volumen von Atomen. Widmen wir uns jetzt den eigentlich spannenden Eigenschaften, den chemischen! An dieser Stelle wird der Atomkern für uns erst mal uninteressant, da er sich nicht an chemischen Reaktionen beteiligt. Chemische Reaktionen spielen sich nur in und zwischen Elektronenhüllen ab. Deshalb kann man auch aus Eisen kein Gold machen, denn dafür müsste man dem Eisenkern Protonen hinzufügen – und das ist nicht möglich. Die Anzahl der Protonen im Kern kann sich so leicht nicht ändern (mit Ausnahme von Radioaktivität, wo schwere, instabile Atomkerne nach und nach zerfallen). Umso mehr lohnt es sich, der Elektronenhülle etwas mehr Beachtung zu schenken. Jetzt wird es erst richtig spannend!

In unserem Atommodell von vorhin habt ihr gesehen, dass Elektronen in Bahnen um den Kern kreisen. Doch das war ein sehr einfaches Modell. Wie beim Teilchenmodell gilt: **Ein Modell beschreibt nie die Realität, sondern liefert nur eine vereinfachte Darstellung.** Modelle sind nie allgemein gültig, sondern nur unter bestimmten Rahmenbedingungen. (Genau wie Fotomodelle nicht die Realität eines Menschen repräsentieren, sondern nur einen besonders sehenswerten bzw. geschickt retuschierten Spezialfall.) Aber wie ihr schon beim

Teilchenmodell gemerkt habt, liebe ich einfache Modelle. Denn warum Dinge unnötig kompliziert machen?

Jetzt zeige ich euch ein Modell, mit dem man chemische Reaktionen ziemlich gut verstehen kann – das sogenannte **Schalenmodell:**

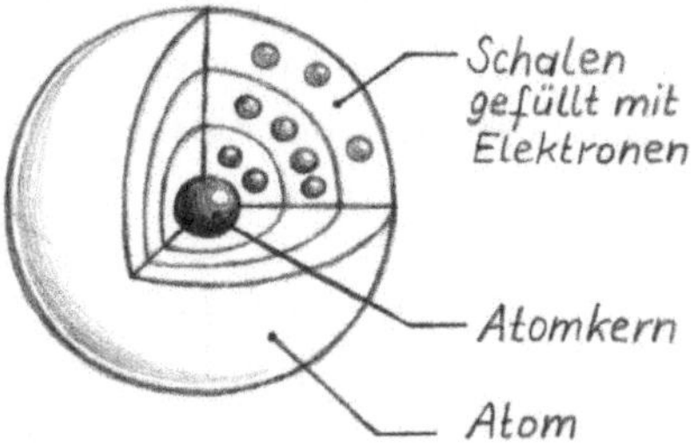

Laut Schalenmodell dürfen die Elektronen nicht nach Lust und Laune um den Kern kreisen, sondern sie können das nur in ganz bestimmten Abständen tun. Diese Abstände kann man sich als zwiebelartige Schalen vorstellen, die den Kern umgeben. (Ich hätte es ja »das Zwiebelmodell« genannt, aber mich hat niemand gefragt.)

So wie die Erde und die anderen Planeten in einem bestimmten Abstand um die Sonne kreisen, dürfen die Elektronen auch nur in einem bestimmten Abstand um den Kern kreisen. Doch warum sind manche Abstände verboten? Das hat etwas mit Quantenmechanik zu tun, denn für so winzige Teilchen wie Elektronen gelten nicht mehr die Regeln der klassischen Physik, sondern die der Quantenphysik.

Für uns ist Quantenphysik schwer vorstellbar, denn alles, was wir sehen und erleben, folgt den Regeln der klassischen Physik. In die Quantenmechanik einzutauchen ist daher ein bisschen, wie sich eine Farbe vorzustellen, die man noch nie gesehen hat. Aber stellen wir uns stattdessen Folgendes vor:

Die Schalen sind wie feste Stuhlreihen in einem Kino. Man darf nur auf den Stühlen sitzen, nicht zwischen den Reihen. (Würde sich auch nicht lohnen, man würde ja gar nichts mehr sehen.)

Wie werden die Stuhlreihen nun besetzt? Bei jedem Element werden die Elektronenschalen von innen nach außen aufgefüllt. Immer wenn eine Schale voll ist, kommt die nächstäußere dran. Besonders wichtig sind die Elektronen in der äußersten Schale, die **Außenelektronen.** Denn ihr großer Abstand zum Kern führt zu besonderen Eigenschaften: Je weiter die Schalen vom Atomkern entfernt sind, desto schwächer ist die Anziehungskraft zwischen dem positiv geladenen Kern und den negativ geladenen Elektronen. Im Vergleich zu den Elektronen auf den inneren Schalen sitzen die Außenelektronen also recht locker. Während die inneren Elektronen träge sind und am liebsten in der Nähe ihres positiven Atomkerns bleiben, sind die Außenelektronen extrovertierte, reaktionsfreudige Gesellen, die sich gerne an chemischen Reaktionen beteiligen.

Abgesehen davon, dass die Außenelektronen am weitesten vom Kern entfernt sind, gibt es noch etwas, das sie unruhig macht: Während die inneren Elektronenschalen voll besetzt sind, bleibt die äußerste Elektronenschale bei vielen Elementen teilweise leer. Denn die Zahl der Elektronen ist ja begrenzt, sie entspricht wie gesagt der Anzahl der Protonen. Na und, könnte ich jetzt sagen, ich habe nichts dagegen, wenn ich im Kino eine Stuhlreihe für mich alleine habe. Aber ich bin ja auch kein Elektron. Elektronen, vor allem die extrovertierten äußeren, hassen unvollständig besetzte Sitzreihen! Atome haben also einen Spleen: Sie wollen ihre Schalen unbedingt voll besetzen.

Dieser Wunsch äußert sich auf interessante Art und Weise: Elemente, bei denen in der Außenschale gleich mehrere

Plätze frei sind, sind nicht ganz so aggressiv. Doch ist nur noch ein einziger freier Platz zu besetzen oder sitzt nur ein einziges Elektron allein in der äußersten Schale, wird es ungemütlich. Solche Elemente, die ganz knapp die volle Schale verpasst haben, sind die aggressivsten. Das ist wie bei einer Fußballweltmeisterschaft, wo es bei den Zweitplatzierten oft die meisten Tränen gibt – so knapp am Ziel vorbei.

Das chemische Temperament eines Atoms hängt also mit der Anzahl seiner Außenelektronen zusammen. Unser Fluor hat davon sieben – in seine äußerste Schale passen aber acht. Genau ein Platz ist also unbesetzt, und das macht das Fluor echt verrückt. Rastlos sucht es das fehlende achte Elektron bei anderen Atomen und Molekülen und wird nicht ruhen, bis es seinen letzten freien Platz besetzt hat.

Fluor ist mit diesem Problem übrigens nicht alleine. **Fast alle Elemente aus den Hauptgruppen des Periodensystems hätten gerne acht Außenelektronen.** Diese Sehnsucht nennt man **Oktettregel.** Der Name »Oktettregel« ist insofern irreführend, als es sich dabei nicht um eine feste Regel im Sinne eines physikalischen Gesetzes handelt, sondern auch nur um ein Modell. Ein sehr praktisches allerdings, das eng mit dem Schalenmodell verknüpft ist. Mithilfe der Oktettregel kann man nicht nur erklären, welche Elemente besonders reaktionsfreudig sind, sondern auch, welche Reaktionspartner gut zueinander passen. Jedes Element hat Bedürfnisse, das Erfüllen der Oktettregel kann eines davon sein. Und um diese Bedürfnisse zu befriedigen, kommt es zu chemischen Reaktionen und Bindungen. (Eigentlich ganz ähnlich wie bei Menschen.)

Fluor ist nun wie ein Baby, das Hunger hat und Radau macht. Hat man es aber gestillt, wird es ruhig und friedlich. (Eltern würden jetzt etwas anderes sagen …) Sobald

Fluor also eine neue Bindung knüpfen konnte, die ihm sein heiß ersehntes achtes Elektron schenkt, passiert nicht mehr viel.

Was heißt das nun für meine Pfanne? Im Fall von Teflon ist Fluor mit Kohlenstoff verbunden, der die Eigenart hat, Elektronen und Schalen großzügig mit anderen Atomen zu teilen. (Wie diese Bindung genau aussieht, klären wir in *Kapitel 8*). Man müsste schon sehr viel Energie aufwenden, um das Fluor aus diesem glücklichen Zustand wieder herauszubekommen. Teflon müsste man auf über 360 °C erhitzen, um die Bindungen zu brechen; die empfohlene Maximaltemperatur für Teflonpfannen ist 260 °C. (Die optimale Temperatur für mein Spiegelei liegt übrigens bei circa 83 °C, dann verfestigt sich das Eiklar.)

Nach der Oktettregel haben die Fluor- und die Kohlenstoffatome in meiner Pfanne also alles erreicht, was man als Element so erreichen kann: eine volle Außenschale. Die chemische Bindung zwischen Fluor und Kohlenstoff ist eine regelrechte Vorzeigeehe, bei der niemand Augen für irgendwelche anderen Atome oder Moleküle hat. Nicht einmal für die attraktiven Proteine meines Spiegeleis, das gerade in meiner Teflonpfanne brutzelt.

Wenn Essen in der Pfanne kleben bleibt, dann ist das auch nichts anderes als eine Interaktion zwischen den Pfannenmolekülen und den Essensmolekülen. Teflon interessiert sich aber überhaupt nicht für mein Spiegelei oder anderes Essen. Wahrscheinlich blickt das Fluor in meiner Pfanne noch manchmal auf seine rastlose Jugend als Flusssäure zurück und ist heilfroh, dass es diesen Teil seines Lebens für immer hinter sich gelassen hat. »Ich habe alles, was ich will, lasst mich in Ruhe«, denkt es sich, während mein Spiegelei sagt: »Ist ja gut, ich bin nie hier gewesen«, und rückstandslos auf meinen Teller gleitet.

Die Fluoride in der Zahnpasta sind übrigens ähnlich selbstzufrieden wie die Fluoratome in der Pfanne. Oben habe ich erwähnt, dass ein ungeladenes Atom genauso viele Elektronen wie Protonen besitzt, da sich auf diese Weise die elektrischen Ladungen gegenseitig aufheben. Ein Atom kann aber auch geladen sein, man nennt es dann **Ion. Ein negativ geladenes Ion heißt Anion** und entsteht, wenn mehr Elektronen als Protonen vorhanden sind. Anionen kennzeichnet man in der Chemie mit der Endung *-id.* Andersrum: **Ein positiv geladenes Ion heißt Kation** und entsteht, wenn weniger Elektronen als Protonen vorliegen. Kationen haben keine besondere sprachliche Endung. Die Endung -id beim Fluorid verrät uns aber, dass wir es hier mit einem negativ geladenen Ion zu tun haben: Irgendjemand hat Fluor sein heiß ersehntes Elektron geschenkt. Als einfach geladenes Anion mit acht Außenelektronen hat Fluorid nun die Oktettregel erfüllt und ist grundzufrieden.

Doch wie kommt es zu diesem Glück? Ein heißer Kandidat und Reaktionspartner ist das Element **Natrium,** ein

Mitglied der Ersten Hauptgruppe des Periodensystems und der sogenannten **Alkalimetalle.** Natrium (Na) ist bekannt von Natriumchlorid, unserem Kochsalz. Da ist aber kein elementares Natrium drin. Ohnehin habt ihr reines Natrium wahrscheinlich noch nie zu Gesicht bekommen. Denn genau wie es in der Natur kein elementares Fluor gibt, gibt es in der Natur auch kein elementares Natrium.

Natrium ist ein grau glänzendes Metall, das so weich ist, dass man es mit einem Messer schneiden kann. Klingt nett, aber schmeißt man Natrium ins Wasser, reagiert es heftig. (Auf YouTube kann man sich das mal anschauen – solange man es bloß nicht nachmacht.) Natrium ist also auch ein aggressiver Kandidat und der perfekte Partner für Fluor. Denn dem Natriumatom fehlt kein Elektron, sondern in seiner Außenschale sitzt – wie bei allen Alkalimetallen – ein einsames Elektron, das viel lieber das Atom verlassen würde, als da weiter alleine herumzuhocken. Dieses Elektron möchte Natrium also loswerden, und zwar dringend. Wie gut, wenn da jemand wie Fluor daherkommt. So können beide ihre Oktettregel erfüllen. Zusammen ergeben sie das Salz **Natriumfluorid,** also das Zeug, das in unserer Zahnpasta drin ist. (Dasselbe Prinzip gilt übrigens bei Natrium und Chlor und unserem Kochsalz **Natriumchlorid.**)

Besonders reaktiv ist das Fluorid in der Zahnpasta also nicht. Aber unreaktiv heißt nicht automatisch ungiftig. Also – ist es vielleicht giftig? Tod durch Zahnpasta? Und wozu ist das Fluorid da überhaupt drin? Ich putze jetzt sowieso meine Zähne, klären wir das doch im Badezimmer.

KAPITEL 3

Stoppt den Chemismus!

Jedes Badezimmer ist ein Chemielabor oder zumindest ein Chemikalienschrank. Meine Nichtchemikerfreunde sagen, das sei kein schöner Vergleich, das klinge sehr giftig. Deswegen muss ich ein bisschen aufpassen, wenn ich versuche, Nichtchemiker mit meiner Liebe zur Chemie anzustecken. Denn auch wenn zum Beispiel elementares Fluor oder Natrium unangenehm aggressive Genossen sind, ist das Wort »Chemikalie« natürlich nicht grundsätzlich negativ. Ob giftig, gesund oder überlebenswichtig, in dieser Welt gibt es ja gar keine nichtchemischen Stoffe!

Chemie ist zwar nicht unbedingt giftig, aber ziemlich ansteckend: Mein Papa ist Chemiker. Mein Bruder auch. Christine, meine beste Freundin, ist Chemikerin, und dann habe ich auch noch einen Chemiker geheiratet. Und ich schwöre euch, wir sind alle ganz normale Menschen.

Mein Papa hat eine Zeit lang in der Haarkosmetik geforscht. Wir sind zusammen durch den *dm* geschlendert und haben Inhaltsstoffe geschmökert. Manchmal stand einer der

Stoffe, die er selbst im Labor entwickelt hatte, auf der Inhaltsliste eines Shampoos. Mein Papa ist auch der Grund, warum ich Polymerchemikerin wurde. Manch ein zynischer Chemiker würde sagen, Polymere seien Plastik. Das ist eine unverschämt engsichtige Definition. Unser Teflon, das Polytetrafluorethylen, ist auch ein Polymer. Aber man kann auch biologisch kompatible Polymere herstellen, etwa als Transportmittel für Krebsmedikamente im Körper oder als Basis für künstliche Organe. Also von wegen nur Plastik!

Polymere definieren sich als langkettige Moleküle. Sie bestehen aus vielen kleinen Moleküleinheiten, den sogenannten **Monomeren,** die aneinandergereiht lange Ketten ergeben. Auch **Polysaccharide,** also Mehrfachzucker oder Kohlenhydrate, sind Polymere. Die müssen also gar nicht künstlich sein, sondern kommen auch überall in der Natur vor. Holz und Pflanzenfasern bestehen beispielsweise aus Cellulosefasern. Und die sind, richtig, ebenfalls Polymere. Genau wie unsere DNA. Aber dass man Polymere auch selbst im Labor herstellen kann, das ist ja eben das Coole daran.

Zum Beispiel hat mein Papa früher Polymere für Volumenhaarsprays und Anti-Spliss-Spülungen entwickelt. Allein deswegen fand ich Chemie schon interessant. Gerade als Chemikerin wundert es mich, dass Chemie immer noch klischeehaft als männliche Domäne wahrgenommen wird. Manchmal kriege ich zu hören: Was macht denn eine Chemikerin auf YouTube? Sind da nicht nur Schminktipps? Mir ist es ein Rätsel, wie man sich für Kosmetik, aber nicht für Chemie interessieren kann. Selbst das Herstellen von »Naturkosmetik«, also von Seifen und Produkten mit natürlich vorkommenden Inhaltsstoffen, erfordert chemisches Verständnis.

Meine Zahnpastatube ist fast leer, ich drücke den letzten Rest auf meine Zahnbürste, während sich mein Spiegeleibrot mit

Kaffee und O-Saft in meinem Magen vergnügt. Sie geben sich ihrem Schicksal des Stoffwechsels hin, ein überwältigendes Fest an chemischen Reaktionen. Aber auch in meinem Mund ist chemisch gesehen ordentlich was los. Vor allem das Brot und der O-Saft enthalten etwas, das eine interessante Reaktion auslöst: **Zucker.** O-Saft enthält übrigens genauso viel Zucker wie Cola. Und auch Brot besteht letztendlich aus Zucker beziehungsweise aus Kohlenhydraten, die ja nichts anderes sind als Zuckerpolymere.

Wir essen ständig Zucker, in welcher Form auch immer. Nicht (nur), weil wir gierige Monster sind, sondern weil unser Körper Zucker in Energie umwandelt. Vor allem unser Gehirn läuft auf Zucker, weswegen es uns konditioniert hat, Schokolade und Gummibärchen zu lieben – ziemlich ungünstig in Zeiten, wo Schokolade und Gummibärchen überall lauern.

Nicht nur wir lieben Zucker, sondern auch die Bakterien und Mikroorganismen, die auf unseren Zähnen leben. Während du das hier liest, wuseln Hunderte verschiedene Bakterienarten in deinem Mund herum. Also gut, in meinem auch. Mit jedem Kuss tauscht man Millionen von Bakterien über den Speichel aus. Falls euch das ekelt, tut es mir leid, aber als Chemikerin habe ich Freude daran, die Welt im Kleinen zu betrachten und über Dinge nachzudenken, die man mit dem bloßen Auge nicht sehen kann.

Die Bakterien auf unseren Zähnen leben in der sogenannten Plaque. Das ist eine dünne, wässrige Schicht, mit der unsere Zähne überzogen sind. Die Plaque wird – etwas weniger charmant – auch Zahnbelag genannt. Zahnpasten und Mundspülungen werben gerne, sie würden »gegen Zahnbelag« helfen. Ich will kein Spielverderber sein, aber die Plaque ganz loszuwerden, ist nicht möglich. Man kann aber die Zustände innerhalb des Zahnbelags ändern, um den dort hausenden Bakterien das Leben schwer zu machen.

Essen wir Zucker oder Kohlenhydrate, mampfen die Bakterien das genüsslich weg und pupsen als Gegenleistung **Säure** aus. Das ist vielleicht nicht die akkurateste Analogie, aber als ich es genau so der fünfjährigen Tochter eines Freundes erklärte, kriegte sie sich nicht mehr ein vor Lachen und putzt sich seitdem angeblich viel lieber ihre Zähne. (Diese Erklärung kann ich also nur empfehlen.) Letztendlich verstoffwechseln die Bakterien den Zucker im Rahmen eines komplexen chemischen Prozesses. Genau wie wir haben Bakterien auch einen Stoffwechsel, darin wandeln sie zum Beispiel Zuckermoleküle in Säuremoleküle um – und das direkt an unserer Zahnoberfläche.

Der Zahnschmelz besteht zum größten Teil aus einem Mineral namens **Hydroxylapatit.** Aha! Da ist er also wieder, derselbe Stoff, der in Jonas' Zahnpasta als Ersatzstoff für Fluoride drin ist. Komische Vorstellung, seine Zähne mit Zahnpulver zu putzen. Aber es ist nicht nur seltsam, sondern auch nicht besonders effizient gegen Karies. Das wird deutlich, wenn man versteht, was Karies eigentlich genau ist: Das Hydroxylapatit unseres Zahnschmelzes mag keine Säuren, denn Säuren lösen es auf. Zwar nur ganz langsam – in Zahnlochbildungsgeschwindigkeit –, aber das ist ja schon schlimm genug.

Zucker, der zu Säure umgewandelt wird, ist dabei jedoch nicht das einzige Problem. Denn viele Lebensmittel enthalten schon von vornherein Säuren. O-Saft zum Beispiel. Doppelt schlecht für die Zähne, Zucker plus Säure. Auch Kaffee ist sauer. Deswegen ist auch das Fluorid in meiner Zahnpasta. Denn damit werde ich jetzt die Auflösung meines Zahnschmelzes aufhalten!

Im letzten Kapitel haben wir gelernt, dass Fluoride negativ geladene Ionen, also Anionen sind. In unserem Zahnmineral Hydroxylapatit sitzen ebenfalls Anionen, sogenannte Hydroxid-Ionen. Doch Fluorid ist klein und kommt fast überall hinein, auch in unseren Zahnschmelz. Beim Zähneputzen dringt es dort ein und schmeißt die Hydroxid-Ionen raus. Klingt aggressiv, ist aber gut. Denn durch diesen Tausch entsteht an der Zahnoberfläche eine hauchdünne Schicht eines festeren, stabileren Minerals namens **Fluorapatit,** dem Säuren mehr nicht mehr allzu viel anhaben können. Haifischzähne bestehen übrigens zu fast 100 Prozent aus Fluorapatit. Deswegen sind Haifischzähne besonders fest und Haifischbisse besonders schmerzhaft.

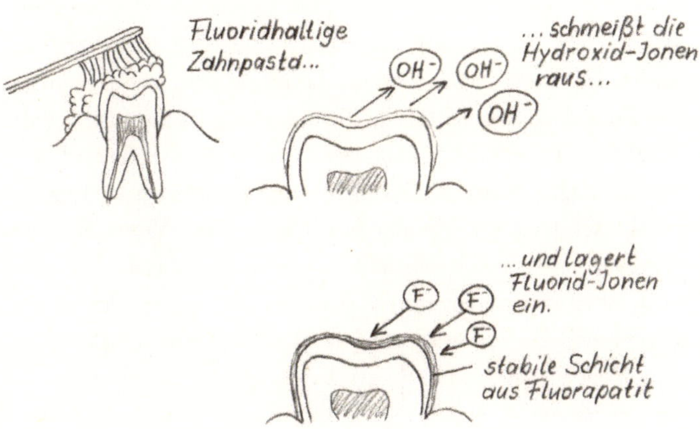

Und wie funktioniert nun Jonas' Zahnpasta ohne Fluoride? Kurz gesagt: nicht so gut. Die Fluoride wurden ersetzt durch Hydroxylapatit, also durch das Zahnschmelzmineral. Wenn sich der Zahnschmelz auflöst, geben wir einfach neuen hinzu, ist hier der Gedanke. Doch eine Schutzschicht gegen die saure Plaque kann sich so nicht bilden. Den Karies freut es, Christine verzweifelt, und Jonas meint, Fluoride verkalken die Zirbeldrüse.

Aber Karies hin oder her: Ist Fluorid denn nun giftig?

Wie Paracelsus sagte – und jetzt kommt ein ganz wichtiger Satz –, **die Dosis macht das Gift.** (Um ihn wörtlich zu zitieren: »Alle Dinge sind Gift, und nichts ist ohne Gift; allein die Dosis macht's, dass ein Ding kein Gift sei.«)

An einer größeren Menge Fluorid kann man sich durchaus vergiften, die akute, letale (also tödliche) Dosis liegt bei Erwachsenen bei einigen Gramm. Nur fällt mir für diese Dosis kein realistisches Szenario ein, in dem man außerhalb eines Chemielabors einer solchen Menge ausgesetzt wäre. Selbst bei einem Zahnpasta-Wettessen würde man sich wohl erst übergeben, bevor man die tödliche Fluoriddosis erreichen würde. Allerdings kann man über einen längeren Zeitraum Fluorid überdosieren und dadurch eine sogenannte Skelettfluorose davontragen und brüchige Knochen erleiden. In Stahl- oder Keramikfabriken etwa arbeitet man mit fluoridhaltigen Stoffen, die man im schlimmsten Fall jahrelang einatmet. In manchen Gegenden mit stärkerer Umweltbelastung (hier gibt es Untersuchungen etwa zu Regionen in China oder Mexico City) kann das Wasser höhere Mengen an Fluorid enthalten, die man durch Trinken dann über einen längeren Zeitraum zu sich nimmt. Entsprechende Grenzwerte werden in deutschem Trinkwasser zum Glück lange nicht überschritten (dazu auch mehr in *Kapitel 10*).

Und Zähneputzen mit fluoridhaltiger Zahnpasta? Die Dosis für Fluorid in der Zahnpasta ist sorgfältig untersucht und beläuft sich auf eine wirksame, aber unkritische Konzentration. Auf meiner Zahnpasta steht »1450 ppm F-«, das bedeutet, gut jedes 700. Teilchen darin ist ein Fluorid-Ion. Mehr braucht es nicht, denn ein paar Fluorid-Ionen in der äußersten Zahnoberfläche reichen als Kariesschutz völlig aus. Wohl gemerkt, dieselbe Konzentration im Trinkwasser wäre viel zu hoch, aber Konzentration muss man immer im Kontext betrachten. Beim Zähneputzen handelt es sich um eine lokale Behandlung und eine überschaubare Menge an Zahnpasta, von der man das meiste auch wieder ausspuckt. Es sei denn, man ist ein Kind, das gerne mal Zahnpasta isst. Kinder essen schließlich gerne alles Mögliche, mein Bruder etwa hat früher gerne Sand verspeist, wenn meine Eltern nicht aufpassten. Da man Zahnpasta eben bitte nicht essen sollte, es bei Kindern aber auch nicht immer vermeiden kann, enthält Kinderzahnpasta weniger Fluorid. Außerdem sind vor allem zahnende Kinder besonders anfällig, eine sogenannte Zahnfluorose zu entwickeln. Eine Zahnfluorose äußert sich in Flecken auf dem Zahnschmelz, im besten Fall weiße Flecken, im eher unansehnlichen Fall können das auch dunklere, gelbe bis bräunliche Flecken sein.

Fassen wir zusammen: Fluorid in der zulässigen Zahnpastakonzentration ist gut gegen Karies, in größeren Mengen besteht Fluorosegefahr – aber Jonas' Angst vor einer Zirbeldrüsenverkalkung macht eine ganz neue Kiste auf. Diese Angst scheint übrigens erstaunlich verbreitet und zählt zu diesen seltsamen Internetphänomenen, wo wissenschaftlich unbelegte Befürchtungen in Foren und Facebook-Gruppen inkubiert und geschürt werden. »Fluoride verkalken die Zirbeldrüse!«, »Fluoride verkalken das Gehirn!«, »Fluoride verdummen!« – schallt es einem entgegen, wenn man sich auf eine Google-Suche begibt. Oft werden wissenschaftliche Studien verlinkt, doch schaut man sich diese genauer an, findet man keine Bestätigung für die Sorgen. Obwohl wissenschaftliche Studien eine fundierte Argumentationsbasis sind, kann es ziemlich problematisch werden, wenn Laien mit wissenschaftlichen Studien um sich werfen. Wissenschaftliche Veröffentlichungen sind nun einmal nicht für Fachfremde oder Laien geschrieben. Sie dienen zur Kommunikation zwischen Experten und ermöglichen detaillierten Austausch auf höchstem fachlichen Niveau. Wenn diese Studien nicht ordentlich wissenschaftsjournalistisch aufgearbeitet werden, ist die Gefahr groß, dass sie von Nichtexperten entweder missverstanden oder sogar missbraucht werden.

Die Angst vor einer Zirbeldrüsenverkalkung durch Zahnpasta basiert – wenn man sich intensiv und korrekt damit auseinandersetzt – auf wenigen, äußerst dürftigen Studien. Hauptschuld an den Bedenken trägt wahrscheinlich eine Langzeitstudie, die Schwangere in Mexiko City untersucht hat. Eine hohe Fluoridkonzentration in Trinkwasser und Umwelt ging dort einher mit einer Vielzahl weiterer Umweltverschmutzungen, unter anderem einer hohen Bleikonzentration. Bei den Kindern stellte man später einen leicht verringerten IQ fest, allerdings auch nur mit starker statistischer Streuung. Man müsste weitere Experimente durchführen, bevor man fundierte Vermutungen aufstellen kann. Doch vor allem angesichts der generellen starken Umweltverschmutzung sind die Ergebnisse weder konkret auf Fluorid zurückzuführen (geschweige denn auf Fluorid in der Zahnpasta) noch relevant für Deutschland. Trotzdem kursierte diese Studie mit Schlagzeilen wie »Fluoride verdummen Kinder im Mutterleib« in den Medien. Guter Wissenschaftsjournalismus ist das nicht.

Mein Handy vibriert wieder.

»Und weißt du, was das Beste ist – Jonas war seit drei Jahren nicht mehr beim Zahnarzt und kann sich nicht an sein letztes Loch erinnern!!«, schreibt Christine und schließt diese Beobachtung mit einem wütenden Emoji ab. Ich muss lachen, weil ich genau vor Augen habe, wie sie sich gerade aufregt. Aber wenn Jonas nie Karies bekommt, dann kann er seine Zahnpasta eigentlich ruhig behalten. Christine ärgert sich nur über sein Glück im Unwissen. Nicht jeder ist gleichermaßen kariesanfällig. Ich werde sicher nicht auf Fluoride verzichten, sonst bekäme ich direkt Löcher. Andere haben vielleicht einfach eine andere Plaque, gegen die eine Zahnpflege, die hauptsächlich den pH-Wert neutralisiert, bereits hilft. Neben Fluoriden enthält Zahnpasta nämlich noch weitere wichtige Bestandteile. Zum Beispiel Tenside, also platt gesagt Seife (dazu gleich mehr). Außerdem sind kleine Partikel als Schmirgelstoffe drin, wie bei Scheuermilch. Schließlich will man ja auch sämtliche Essensreste loswerden. Falls ihr ohne Fluoride *und* ohne Karies auskommt – do your thing. Aber falls ihr unter Karies *und* einer Angst vor Fluoriden leidet, tut euch den Gefallen und macht dem Karies ein Ende, indem ihr normale, fluoridhaltige Zahnpasta benutzt.

Ich spüle meinen Mund aus und steige unter die Dusche. Ich frage mich, wie unerträglich Menschen wohl stinken würden, wenn sie nicht so oft duschen würden. Der Begriff »stinken wie ein Tier« wäre wahrscheinlich eher unangebracht. Würde uns der Gestank nicht stören, wäre Duschen allerdings ziemlich überbewertet, zumindest in der Frequenz, die in modernen Gesellschaften üblich ist. Denn ihr werdet überrascht sein: Tägliches Duschen ist nicht nur nicht notwendig, sondern kann sogar schaden. Warum? Dazu müssen wir sowohl unsere Haut als auch unser Duschgel etwas besser verstehen.

Wie unsere Plaque ist auch unsere Haut dicht bevölkert von einer fröhlichen Variation verschiedener Mikroorganismen. So unangenehm der Gedanke sein mag, dass zu jedem Zeitpunkt Bakterien und anderes auf uns herumkriecht, so harmlos ist dieses Mikrobiom in der Regel – ja sogar nützlich. Man kann sich die Haut und ihre Bewohner wie ein komplexes Ökosystem vorstellen, das in einem guten Gleichgewicht steht.

Allerdings gibt es auch unerfreuliche Mikroorganismen wie Krankheitserreger, mit denen wir in Kontakt kommen, vor allem über unsere Hände. Unsere Haut lässt zwar davon nichts durch, aber wenn wir uns etwa die Augen reiben oder mit den Händen unser Essen anfassen, gelangen die Krankheitserreger doch in den Körper. Deshalb ist es wichtig, sich die Hände mit Seife zu waschen – und damit kommen wir zur wahrscheinlich wichtigsten Badezimmerchemie: den **Tensiden.**

Vorhin habe ich erwähnt, dass sich Tenside auch in unserer Zahnpasta befinden, aber das klassische Tensid ist Seife, wie in Handseifen oder Shampoos. Ohne Seife wäre das Waschen mit Wasser lange nicht so wirksam. Denn unsere Haut ist recht **hydrophob,** was man wörtlich mit »wasserhassend« übersetzen kann. Die Zellmembranen unserer Hautzellen sowie die Zwischenräume sind aus hydrophoben Molekülen aufgebaut. Hydrophobe Stoffe sind nicht mit Wasser mischbar beziehungsweise lösen sich in Wasser nicht. Andere hydrophobe Stoffe sind **Öle** und **Fette.** Deswegen kann man statt hydrophob auch **lipophil** sagen, »fettliebend«. Wenn man ein Salatdressing aus Essig und Öl macht, kann man sehen, dass sich Wasser und Öl nicht vermischen, es bildet sich eine sogenannte Phasengrenze. Die Wassermoleküle und die Ölmoleküle möchten nichts miteinander zu tun haben, sie stoßen sich gegenseitig ab und bleiben lieber unter sich.

Das Gegenteil von hydrophob ist **hydrophil** – »wasserliebend«. Alkohol ist zum Beispiel eine hydrophile Flüssigkeit, daher lässt er sich gut mit Wasser mischen (zum Glück, sonst könnte man ihn gar nicht trinken). Die Ethanolmoleküle und die Wassermoleküle verstehen sich gut. Sie wechselwirken miteinander, das heißt, sie ziehen sich gegenseitig an. Auch Zucker oder Kochsalz sind hydrophile Stoffe, deshalb lösen sie sich so gut in Wasser, aber wiederum nicht in Öl.

Prinzipiell kann man jeden Stoff in hydrophil oder hydrophob einteilen, nur ist der Übergang fließend. Unsere Haut ist eher hydrophob. So schützt sie am besten, und schließlich wollen wir auch nicht, dass sie sich im Regen oder unter der Dusche auflöst. Das heißt aber auch, dass sie mit Wasser nicht besonders gut wechselwirkt. Hinzu kommt, dass unsere Hautporen nicht nur Schweiß, sondern auch Talg produzieren, sprich Fett – ein hydrophober Stoff. Und auch Bakterien haben eine Haut, die Einzeller haben eine Zellmembran, die auch hydrophob ist. Da nun der Talg und die Bakterien nicht viel mit Wasser zu tun haben wollen, bleiben sie verhältnismäßig unbeeindruckt, wenn man sie mit Wasser übergießt. Wer schon einmal versucht hat, einen Fettfleck mit Wasser aus der Kleidung zu entfernen, weiß, wovon ich rede.

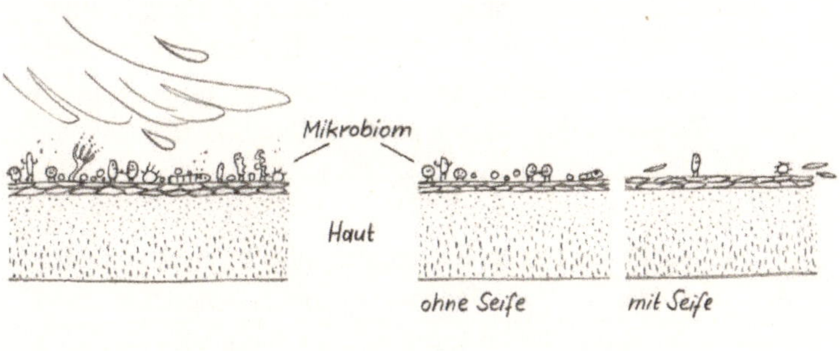

Vor Tausenden von Jahren entdeckten die Menschen nun **Seifen,** sprich **Tenside.** Diese magischen Stoffe sind **amphiphil,** »beidesliebend«, sie vereinen hydrophobe und hydrophile Eigenschaften in einem Molekül. Klassischerweise sind Seifen längliche Moleküle, die aus zwei Einheiten bestehen: ein langer hydrophober Schwanz mit einem hydrophilen Kopf. Ein beliebtes Modellbild ist eine Stecknadel: Stellt euch vor, Tenside sind winzig kleine Stecknadeln, wobei die Nadel der hydrophobe Teil ist, der Kopf der hydrophile Teil.

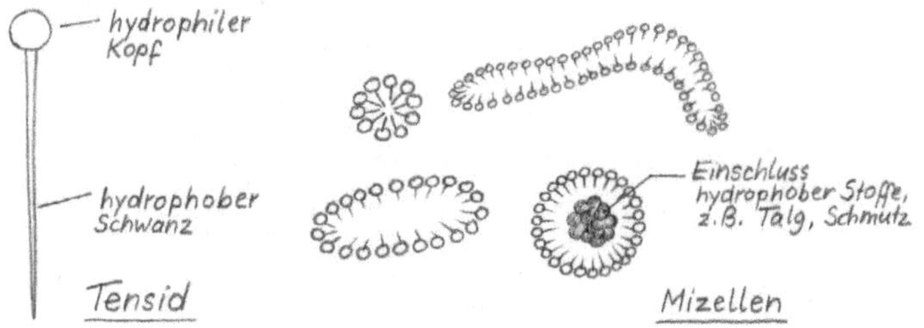

Schmeißt man Tenside ins Wasser, passieren faszinierende Dinge: Die Moleküle formieren sich von alleine zu geometrischen Strukturen. Angetrieben werden sie davon, dass die hydrophoben Schwänze nichts vom Wasser wissen möchten und sich daher so anordnen, dass sie möglichst wenig Kontakt zum Wasser haben. Deshalb bilden sich sogenannte **Mizellen,** indem alle hydrophoben Schwänze nach innen schauen und alle hydrophilen Köpfe nach außen hin zum Wasser. Mizellen können kugelförmig sein oder auch stäbchen- oder wurmförmig.

Die Tenside neigen auch dazu, sich an Grenzflächen anzuordnen; man nennt diese Eigenschaft **grenzflächenaktiv.** Gibt man Olivenöl und Seifenwasser in ein Glas, positioniert sich ein großer Teil der Tenside an der Grenzfläche zwischen Wasser und Öl, und zwar so, dass die hydrophilen Köpfe zum Wasser schauen, die hydrophoben Schwänze zum Öl. Genau dasselbe passiert auch an der Wasser-Luft-Grenzfläche. Luft ist zwar nicht wirklich hydrophob, aber Hauptsache, kein Wasser, denken sich die hydrophoben Schwänze und richten sich zur Luft aus, ganz nach dem Motto »Alle meine Entchen« (Köpfchen in das Wasser, Schwänzchen in die Höh').

Dadurch werden auch Schaumbäder und Seifenblasen möglich. Eine Seifenblase ist zwar sehr fragil, doch eigentlich ist sie erstaunlich stabil, wenn man sich klarmacht, dass eine Seifenblase eine Hohlkugel aus Wasser ist, und wenn man bedenkt, unter welcher Spannung diese gekrümmte Wasserschicht steht.

Das klingt jetzt erst mal komisch. Wie kann eine Flüssigkeit unter mechanischer Spannung stehen? Genau wie ein Plastiklineal unter Spannung gerät, wenn ihr es biegt, gerät auch Wasser unter Spannung, wenn man etwa versucht, Blasen damit zu machen. Wir sprechen hier von der sogenannten **Oberflächenspannung** des Wassers, die wir in *Kapitel 10* noch genauer kennenlernen werden.

Bis dahin stellen wir uns vor, dass an der Oberfläche von Wasser Kräfte wirken, die es fast schon ein wenig starr machen. Tenside besetzen aber nun die Oberfläche und machen sie dadurch flexibler und elastischer, wenn man so will. Aus einem starren Plastiklineal wird ein weicheres, elastischeres, das man leichter biegen kann, ohne Angst haben zu müssen, es zu zerbrechen. **Tenside verringern also die Oberflächenspannung des Wassers.** Und dadurch verformt sich das Wasser mühelos zu Seifenblasen und zu noch viel kleineren stärker gekrümmten Bläschen, ohne die es keine Schaumbäder geben würde.

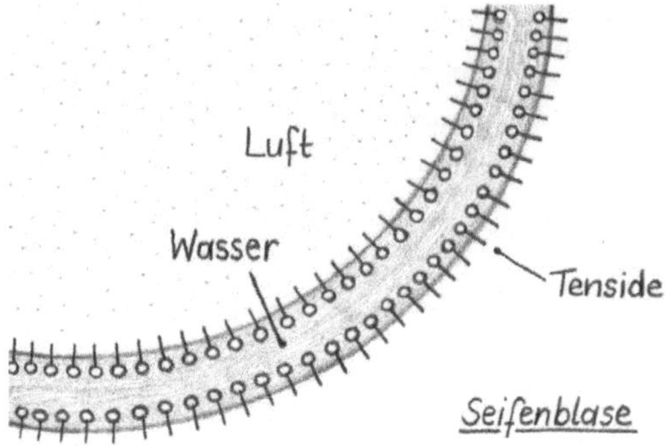

Da Tenside amphiphil, also »beidesliebend« sind, sind sie grandiose Vermittler zwischen hydrophilen Stoffen wie Wasser und hydrophoben Stoffen wie Talg, Schmutz oder Bakterien. Waschen wir uns mit Seifenwasser, können hydrophobe Stoffe auf der Haut ins Innere der Mizellen eingeschlossen und anschließend mit dem Wasser weggespült werden. Das gleiche Prinzip gilt auch bei Waschmitteln, Haushaltsreinigern – und Zahnpasten. So alltäglich und dabei so genial.

Wie stellt man nun solche genialen, kleinen Stecknadeln her?

Für die ersten Seifen kochte man Öle oder Fette mit Pflanzenasche. Die zugrunde liegende chemische Reaktion wird sinnigerweise **Verseifung** genannt. Ausgangsstoff ist immer Fett. Fette oder Öle sind chemisch betrachtet sogenannte **Triglyceride,** das heißt, ein Fettmolekül ist ein Zusammenschluss aus drei **Fettsäuren.** Fettsäuren sind prädestiniert, Seifen zu bilden. Denn sie bestehen aus einem langen hydrophoben Schwanz, an dessen Ende eine **Säuregruppe** hängt, die ein wunderbar hydrophiler Kopf sein kann. Die Stecknadelform ist damit quasi voreingestellt. Allerdings sind die Säuregruppen innerhalb des Triglycerids so zusammengebunden, dass keine Interaktion mit Wasser möglich ist. Man kann sich ein Fett oder Triglycerid also vorstellen wie drei Stecknadeln, die über die Köpfe zusammengebunden sind. Die Säureköpfe können aber aus ihrem Verbund befreit werden, wenn man einen **basischen** Reaktionspartner ins Spiel bringt. Pflanzenasche enthält basische Salze, Kaliumsalze. Und **Säuren und Basen reagieren leicht miteinander.**

Erhitzt man nun Fett mit Kaliumsalzen, bricht der Dreierverbund der Triglyceride auf, und man erhält freie Fettsäuren, deren Säureköpfe **verseift** sind. Verseift bedeutet, die Säuregruppe ist nun – ähnlich wie ein Fluorid-Ion – negativ geladen. Und geladene Gruppen verstehen sich meistens hervorragend mit Wasser (warum genau, klären wir in *Kapitel 10*). So kommt man also vom Fett zum waschechten Tensid.

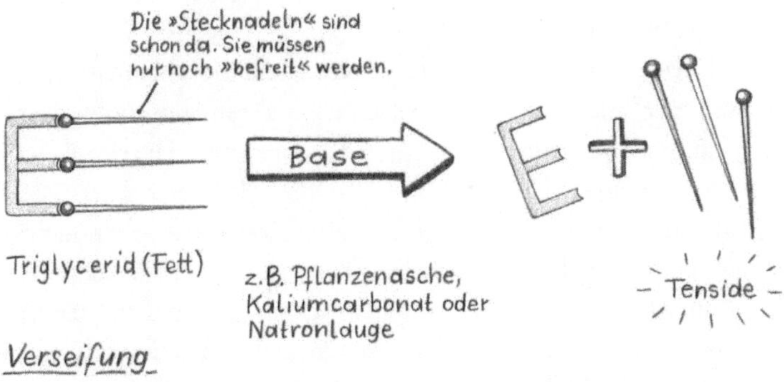

Kernseifen stellt man immer noch nach demselben Prinzip her, nur verwendet man heute **Natronlauge** (NaOH) statt Pflanzenasche oder Kaliumsalze. Diese stärkere Base eignet sich besonders gut zur Verseifung. Die Reaktion funktioniert mit allen möglichen Fetten, bei Kernseifen sind es traditionell billige Fette wie Talg, Schweine- oder Knochenfette. Klingt vielleicht eklig, macht aber einwandfreie Seifen.

Warum erzähle ich euch das alles? Weil ich diese traditionelle Seifenherstellung momentan, im Zuge des Naturseifen-Trends, besonders interessant finde. Naturseifen aus reinem Kokosöl, reinem Olivenöl oder reinem Avocadoöl werden immer beliebter. Wir erleben ein Revival des traditionellen Seifenrezeptes: Reine Fette, die mithilfe von Natronlauge verseift werden. Naturseifen sind oft nichts anderes als Kernseifen, nur mit attraktiven Ölen statt Schweinetalg. Aber gerade Naturseifen, die damit werben, »zu 100 % verseiftes Blablaöl« zu sein, sind per definitionem Kernseifen. Ihre chemische Struktur und ihre chemischen Eigenschaften sind denkbar ähnlich wie bei Kernseifen aus Schweinetalg. Häufig werden Naturseifen aber als besonders mild und besonders pflegend für die Haut beworben. Klar, Kokos, Olive oder Avocado klingt ja auch total mild und pflegend. Aber chemisch betrachtet sieht die Sache ganz anders aus.

Kernseifen, die »originalen« wie auch die »Naturseifen«, sind vor allem eins: sehr effektiv. Sie reinigen besonders gründlich, weil ihre hydrophile Gruppe, der Säurekopf, so besonders hydrophil ist. Das heißt aber gleichzeitig, dass sie besonders aggressiv sind. Ich meine damit natürlich nicht aggressiv wie Fluor, aber Tenside mit starker Waschkraft können die Haut reizen oder austrocknen. Aus genau diesem Grund ist es eben nicht zu empfehlen, jeden Tag zu duschen. Denn durch das gründliche Reinigen greifen wir in das schöne Ökosystem unserer Hautflora ein, die unsere Haut auch »pflegt«. Außerdem wird der Talg nicht nur produziert, damit wir uns ärgern und Pickel bekommen, sondern weil er die Haut vor dem Austrocknen schützt. Wird die Haut zu trocken, juckt es nicht nur, sondern es können kleine Risse entstehen. So kann die Haut ihren Zweck der Schutzschicht nicht mehr optimal erfüllen, da Bakterien und Krankheitserreger durch die Risse ins Innere gelangen können.

Doch das ist ja immer noch besser als »Chemie«!! – könnte man denken. Bei Fans von Naturseife ist ein Tensid besonders unbeliebt: **Natrium Laureth Sulfat** (so steht es meistens auf den Verpackungen, eigentlich heißt es Natriumlaurylethersulfat). Wer dieses Tensid nicht mag, wird im Drogeriemarkt nicht glücklich, denn es ist mit Abstand das häufigste Tensid in Shampoos und Kosmetikprodukten. Es ist ein synthetisches Tensid, ein »chemisches« – für manche Grund genug, es durch reine Olivenölseife zu ersetzen. Doch das »eth« in Natrium Laureth Sulfat macht das Tensid zu einer etwas milderen Seife als Kernseife, weswegen es gerade für kosmetische Anwendungen besser geeignet sein kann. Man kann sich das »eth«, was für **Ether** steht, in der Struktur des Stecknadel-Tensids als eine Art Übergangstück zwischen Kopf und Schwanz vorstellen, welches auf der Hydrophil-Hydrophob-Skala eher in der Mitte liegt. Je länger dieses Zwischenstück, desto schwächer die Reinigungskraft, aber desto milder für die Haut. Natrium Laureth Sulfat ist also nicht aggressiver, nur weil es ein synthetisches Tensid aus dem Labor ist. Im Gegenteil, gerade das Labor ermöglicht die Herstellung verschiedenster milder Tensidvarianten, die nicht durch einfache Verseifung zugänglich sind und die man zum Beispiel in Babyshampoo einsetzen kann.

Ich mag Naturseifen, weil sie umweltfreundlich sind, aber wer empfindliche oder trockene Haut hat, sollte Kernseifen lieber nur zum Händewaschen verwenden. Ich finde es schade, wenn alle synthetischen Tenside als »chemische« Tenside undifferenziert über denselben bösen Kamm geschoren werden. Auch die generelle Trennung zwischen natürlichen und chemischen Seifen leuchtet mir nicht ganz ein. Naturseifenherstellung ist nach meinem Verständnis auch nur Chemie. Das Avocadoöl mag ja natürlichen Ursprungs sein (danke an die ganze Chemie, welche die Avocadopflanze schon vorgeleistet hat), aber ohne Natronlauge wird daraus keine Seife. Außerdem kann man auch im Labor umweltfreundliche Tenside herstellen. Doch »ohne Chemie« verkauft sich besser. »Chemismus« könnte man das nennen, eine Diskriminierung der Chemie, eine allgemeine negative Zuschreibung, die völlig unberechtigt ist. Stoppt den Chemismus!

Na ja, das eigentliche Problem ist das gewitzte Marketing der Kosmetikhersteller, egal ob es um »natürliche« oder »chemische« Produkte geht. Aus der Sicht einer Chemikerin stimmt da so einiges nicht. Bestes Beispiel ist der neue Trend, Reinigungsprodukte als »Mizellenwasser«, »Mizellenshampoo« oder »Mizellentücher« zu verkaufen. Diese »neuartige Mizellentechnologie« ist nicht mehr als ein Marketing-Gag, denn natürlich enthält jedes tensidhaltige Produkt zwangsläufig auch Mizellen. Vielleicht sollte mal jemand »Mizellenzahnpasta« auf den Markt bringen. Ich sehe es schon vor mir: »Neu! OHNE Fluoride! MIT Mizellentechnologie!«

Es klingelt an der Tür. Ich öffne einem schwitzenden und glücklichen Matthias, und mich überkommt eine Mischung aus Neid und schlechtem Gewissen. Erst gestern bekam ich eine E-Mail von meinem Fitnessstudio mit dem Betreff: »Es ist nie zu spät!«.

Matthias kann meine Gedanken lesen und sagt grinsend: »Sitzen ist das neue Rauchen!«

»Hmpf«, antworte ich und setze mich an den Schreibtisch.

KAPITEL 4

Sitzen ist das neue Rauchen

Sitzt ihr gerade eigentlich gut? Vielleicht solltet ihr schleunigst mal aufstehen. Denn:

»Sitzen ist das neue Rauchen.«

»Wer länger sitzt, ist früher tot.«

»In Deutschland sterben doppelt so viele Menschen an Bewegungsmangel wie an Zigaretten.«

Ich bin beruflich oft unterwegs und dann meistens *in Action,* aber wenn ich zu Hause arbeite, bewege ich mich definitiv zu wenig. Momentan ist es besonders schlimm, weil dieses Buch sehr viel Leidenschaft und Zeit in Anspruch nimmt.

Nicht selten sieht mein Arbeitstag daheim dann so aus: Ich stehe zusammen mit Matthias auf, rolle aus dem Bett direkt an meinen Rechner, um »erst mal kurz Mails zu checken«. Eine gefühlte Stunde später steht Matthias wieder in der Tür – und es ist 18 Uhr abends. Ich bin immer noch im Schlafanzug und habe elf Stunden gearbeitet. Umso mehr sollte ich darauf achten, dass ich mich genug bewege. Denn dass Sitzen das neue Rauchen ist, das ist immerhin »WIS-

SENSCHAFTLICH BELEGT«. Also, liebe Raucher, ab jetzt die Zigarette nicht im Sitzen, sondern bitte beim Spazieren genießen!

Grobe Faustregel: Wenn etwas »wissenschaftlich belegt« und gleichzeitig verrückt ist, dann ist es wahrscheinlich entweder nicht wirklich wissenschaftlich belegt oder nicht wirklich so verrückt. An »Sitzen ist das neue Rauchen« ist viel Wahres dran, aber auch viel Überzogenes. Fangen wir mit den schlechten Nachrichten an, mit dem Wahren.

Herzkreislauferkrankungen, Übergewicht, Diabetes Typ 2, Krebs und Depression – all das wird in Zusammenhang gebracht mit einem *sedentary lifestyle,* so nennt man »viel Sitzen« in der Wissenschaft. Ich würde gerne wissen, wie viel unsere Vorfahren gesessen haben. Haben die sich auch zu jeder Gelegenheit auf Steine oder auf den Boden gehockt? Und war es daher nur natürlich, dass wir irgendwann anfingen, Stühle zu bauen? Oder widerspricht das viele Sitzen unserer Biologie und ist eine (gefährliche) kulturelle Entwicklung? Experten glauben eher Letzteres.

In dem Artikel »Sitting is the new smoking: Where do we stand?« («Sitzen ist das neue Rauchen: Wo stehen wir?«) schreibt der Arzt Benjamin Baddeley:

»Würde ein Außerirdischer unseren Planeten besuchen, wäre er verdutzt über das moderne menschliche Leben, nicht zuletzt über unser Verhältnis zu körperlicher Anstrengung. Nach sechs Millionen Jahren als Jäger und Sammler beobachtet man die Menschen nun dabei, wie sie sich in warmen Räumen verkriechen, wie sie den anstrengenden Auswirkungen der Schwerkraft trotzen, indem sie sich in bequeme Sessel vor leuchtende Bildschirme lümmeln, wie sie auf mechanischen Treppen zwischen Stockwerken mühelos hin- und hertransportiert werden, sogar wie sie in warmen Kisten sitzend über Kontinente segeln. Verwirrenderweise

kann man dieselben Menschen später dabei beobachten, wie sie ihre ›Freizeit‹ damit verbringen, ohne ersichtlichen Grund bei jedem Wetter draußen herumzurennen, oder, noch seltsamer, wie sie Geld an eine Einrichtung namens ›Fitnessstudio‹ entrichten, um schwere Objekte wiederholt auf- und abzuheben oder um auf einem rotierenden Laufband zu rennen, bis sie rot und verschwitzt sind.«

Tja. Und ich entrichte einfach nur Geld an mein Fitnessstudio, ohne hinzugehen. Eine besondere Form von stiller Teilhaberschaft, die ich vermutlich mit einer ganzen Menge anderer Fitnessclub-Karteileichen teile.

Tatsächlich sind wir eine Spezies, die immer häufiger *Noncommunicable Diseases* (kurz NCDs) zum Opfer fällt. Das sind Krankheiten, die nicht übertragbar sind, sich aber trotzdem wie moderne Epidemien ausbreiten. Es sind chronische Krankheiten, die langsam fortschreiten. Die vier Hauptkategorien der NCDs sind Herzkreislauferkrankungen (wie Herzinfarkte oder Schlaganfälle), Krebs, chronische Lungenerkrankungen und Diabetes Typ 2. NCDs sind verantwortlich für 71 Prozent aller Todesfälle weltweit, alleine 15 Millionen Menschen zwischen 30 und 69 Jahren sterben laut WHO jährlich daran. Aber ich schreibe das nicht, um euch den Tag zu vermiesen. Ich schreibe das, weil NCDs zum großen Teil vermeidbar sind. Die größten Risikofaktoren haben wir selbst in der Hand: Rauchen, übermäßiger Alkoholkonsum, ungesunde Ernährung – und Bewegungsmangel.

Dass Bewegungsmangel schlecht und Sport gut ist, wissen wir ja schon lange. Und dass man sich beim Sitzen wenig bewegt, leuchtet ein. Aber wie gefährlich ist es wirklich?

Wenn man sich dazu schlaumachen möchte, muss man nur »Sitzen ist das neue Rauchen« googeln und findet etliche Artikel. Oft liest man, dass selbst regelmäßiger Sport die

Schäden des Sitzens nicht ausbügeln könne. (Mein Gott, dann ist es wohl auch egal, dass ich nicht ins Fitnessstudio gehe, denn so viel wie ich sitze, bin ich eh verloren!) Wichtig sei, dass man nicht zu lange am Stück sitzt. Mindestens einmal die Stunde kurz aufstehen oder am besten direkt einen Stehschreibtisch benutzen, ansonsten mache man sich durch das lange Sitzen alle gesundheitlichen Vorteile kaputt, die man sich im Fitnessstudio oder beim Joggen mit Schweiß und Kraft erarbeitet hat. So betrachtet ist Sitzen nicht nur die Unterlassung von gesunder Bewegung, sondern eine aktive Gesundheitsschädigung.

Was ist dran an solchen Aussagen?

Ich werde euch diese Frage sehr gerne beantworten, aber vorher müssen wir erst akzeptieren, dass es in der Wissenschaft oft keine kurzen – und gleichzeitig korrekten – Antworten gibt. Wir nehmen gerne an, Wissenschaft produziere klare Fakten. Das stimmt nicht unbedingt. Wissenschaft kann klare Zahlen und Messwerte produzieren, doch deren Interpretation ist oft so komplex, dass man nicht automatisch Fakten daraus ableiten kann. Manchmal hat man eine Vermutung und findet in seinen Experimenten eine Bestätigung dieser Vermutung. Doch das macht aus der Vermutung noch lange keinen Fakt, sondern lediglich eine gut begründete Vermutung.

Wir nehmen außerdem gerne an, »wissenschaftlich belegte« Aussagen repräsentierten »die Wahrheit«. Doch »die Wahrheit« ist oft nur die aktuelle Summe aller gut begründeten Vermutungen. Neue Experimente können neue Erkenntnisse bringen, die dazu führen, dass man alles, was man bisher als »wahr« angenommen hatte, wieder infrage stellen muss. Wer wissenschaftlich denken möchte, muss also dazu bereit sein, sich nicht mit einer einfachen Antwort zufriedenzugeben.

Fallbeispiel: Sagen wir, ich lade Freunde zum Abendessen ein. Ein Arbeitskollege, nennen wir ihn Paul, ist zum ersten Mal bei mir zu Gast. Ich weiß weder, was Paul gerne isst, noch, wie viel er normalerweise isst. Jedenfalls gibt es mein Signature-Risotto, das in der Regel super ankommt und das alle anderen Gäste auch wie erwartet vergnüglich verspeisen. Nur Paul schafft seinen Teller nicht, obwohl er das Risotto lautstark lobt.

Frage: Warum hat Paul seinen Teller nicht leer gegessen?

Da fallen einem verschiedene Antworten ein:

Paul hat es nicht geschmeckt.
Oder: Paul hatte nicht viel Hunger.
Oder: Paul isst generell nicht so viel, oder er macht gerade eine Diät.

Wie auch immer, die Antwort kann eigentlich nicht so kompliziert sein, oder? Tja, jetzt fragt mal einen Wissenschaftler, der würde das Ganze eher so einordnen:

Paul aß weniger als alle anderen Anwesenden des Abendessens. Es ist möglich, dass Paul entweder unterdurchschnittlich viel aß oder die anderen Gäste überdurchschnittlich viel aßen. Paul war der einzige Gast, der seinen Teller nicht leer aß. Auch in der Vergangenheit wurden beim gleichen Risotto konsistent größere Mengen von anderen Gästen verspeist. Zusammen ergibt das einen starken Hinweis darauf, dass der Grund für das abweichende Verhalten bei Paul liegt.
Die kleinere Essensmenge könnte verschiedene Ursachen haben. Eine Ursache könnte ein unterdurchschnittliches Hungergefühl von Paul sein, wobei wir zu diesem Zeitpunkt noch nicht festlegen können, ob dies allgemeingültig ist. Es ist möglich, dass Paul etwa überdurchschnittlich viel zu Mittag gegessen hatte oder dass er generell nicht viel zu Abend isst.

Eine andere Ursache könnte in Pauls Geschmacksvorlieben liegen. Möglicherweise hat es ihm nicht geschmeckt. Das mag an einer generellen Ablehnung von Risotto liegen oder an einer spezifischen Abneigung gegen Mais Signature-Risotto. Dagegen sprechen Pauls Wortäußerungen, welche ein angenehmes Geschmackserlebnis kommunizierten. Allerdings wurde in der Vergangenheit immer wieder beobachtet, dass solche Äußerungen nicht zwingend der Wahrheit entsprechen müssen, sondern lediglich die soziale Bindung zum Gastgeber stärken oder andere soziale Etiketten befolgen sollen. Da wir derzeit weder Informationen über Pauls sonstige Essgewohnheiten noch über seine sozialen Verhaltensformen besitzen, muss man diese Möglichkeit mit Vorsicht in Betracht ziehen.

Auch eine Kombination aus verschiedenen Ursachen ist möglich, wobei wir den Einfluss verschiedener Faktoren derzeit nicht quantifizieren können.

Weitere Untersuchungen werden notwendig sein.

Seid ihr noch da? Oder hat euer Gehirn schon abgeschaltet? Falls ihr noch nie eine wissenschaftliche Veröffentlichung gelesen habt – GENAU SO könnt ihr euch das vorstellen. Ich schwöre euch, ich übertreibe nicht. Wenn wir stattdessen einen Zeitungsartikel über Wissenschaft lesen, liest sich das in der Regel nicht so dröge. Das ist natürlich die Kunst von gutem Wissenschaftsjournalismus, aber manchmal landet man dann auch bei einer falschen – oder zu stark vereinfachten – Interpretation der Forschungsergebnisse.

Das Problem ist, dass wir die tatsächlichen Forschungsergebnisse auf Basis eines Zeitungsartikels nur schwer überprüfen können. Klar, man könnte die Originalstudie auftreiben. Aber stellen wir uns vor, jedes vierte Wort der Paul-Risotto-Abhandlung sei ein Fachbegriff – das ist die Realität von wissenschaftlichen Veröffentlichungen. Sie sind unverständlich auf verschiedenen Ebenen! Sie sind in einer anderen Sprache geschrieben, in Fachsprache. Und sie sind ein solch detailliertes und differenziertes Geschwurbel, dass es verdammt schwierig ist, eine Kernaussage herauszukristallisieren. Ich meine, die Paul-Risotto-Abhandlung ist ja in verständlicher Sprache geschrieben. Aber könntet ihr jetzt die Zusammenhänge zwischen Paul und Risotto kurz zusammenfassen? Nicht so einfach, nicht wahr?

Jetzt wird klar, wie wichtig die mediale Vermittlung von Wissenschaft ist, denn wenn man selbst die Studien durchlesen wollte, käme man oft nicht weit. Ganz zu schweigen von der Tatsache, dass viele Studien gar nicht öffentlich einsehbar sind, es sei denn, man zahlt dafür. Deswegen ist guter Wissenschaftsjournalismus so wichtig.

Nun weiß jeder Journalist aber, dass wir einfache Antworten mögen. Und einfache Schlagzeilen. Noch besser: einfach und dramatisch! So entstehen dann Schlagzeilen wie »Sitzen ist das neue Rauchen« oder »Paul hasst Mais Risotto«.

Der internationale Medienbuzz um die Gefahr des Sitzens war immerhin so groß, dass die Berichterstattung selbst zum Forschungsgegenstand wurde. Australische Kommunikationswissenschaftler evaluierten knapp fünfzig Zeitungsartikel (online und Print), die von den Gefahren des Sitzens berichteten. Die Ergebnisse sind sehr interessant:

Erstens: Etwa ein Drittel der Artikel erklärte, dass langes Sitzen so schädlich sei, dass gesundheitsfördernde Effekte von Sport wieder aufgehoben würden. Damit wäre die Auszeichnung als »das neue Rauchen« gar nicht so unverdient. Aber stimmt es denn? Kurz gesagt – nein! Falls ihr inzwischen also schon panisch aufgestanden wart, setzt euch wieder. In Wirklichkeit gibt es reichlich wissenschaftliche Hinweise, dass Sport und Bewegung die negativen Folgen von Sitzen durchaus kompensieren. Wer sehr viel sitzt, dem seien eine bis anderthalb Stunden pro Tag auf den Beinen empfohlen. Macht es aber einen Unterschied, ob ich mich etwa jeden Tag ein bisschen bewege oder ob ich mein gesamtes Sport-Soll an einem Tag in der Woche abarbeite? Auch sogenannte *Weekend Warriors* – »Wochenendkrieger« –, die nur an ein bis zwei Tagen in der Woche Sport treiben (»nur« … mein schlechtes Gewissen wird immer größer, so wie ich das hier schreibe …), können dadurch langem Sitzen entgegenwirken.

Es ist gefährlich Sitzen als aktive Gesundheitsschädigung zu kommunizieren. Manche werden bei der Schlagzeile »Sitzen ist das neue Rauchen« vor Schreck wieder die Laufschuhe herauskramen. Das sind diejenigen, die nach den Weihnachtsfeiertagen motiviert ins Fitnessstudio eilen, um Plätzchen und Weihnachtsgans abzutrainieren. Ich gehöre eher zu den Menschen, die dadurch demotiviert werden und sich denken: »Jetzt brauche ich auch nicht mehr ins Fitnessstudio zu gehen, das hat jetzt eh keinen Sinn.«

Schaut man auf die Wissenschaft, sollte man Sitzen durchaus als unterschätztes Risiko wahrnehmen. Wenn wir über Bewegung und Sport nachdenken, sollten wir langes Sitzen immer mit einbeziehen in die Gleichung. Nur ist weniger Sitzen auch nicht einfacher getan als mehr Sport, selbst das ist wissenschaftlich untermauert. Und schaut man sich die *Weekend-Warrior*-Studie genauer an, so müsste man das Sitzen schon um mehrere Stunden pro Tag verkürzen, um auf vergleichbare Effekt zu kommen wie bei ein bis zwei Tagen Sport pro Woche. Wenn man sich etwa entscheiden möchte zwischen weniger Sitzen, einem täglichen Spaziergang oder einmal wöchentlich intensivem Sport, so muss man sich die Frage stellen: Was davon setze ich am ehesten um?

Es gilt hier dasselbe wie für Diäten: Eine wirksame Diät ist die, die ich durchhalte. Und dann kann man all die wissenschaftlichen Ergebnisse meiner Meinung nach auch viel konstruktiver deuten: Unser gesundes Bewegungsportfolio hat sich um eine Aktivität erweitert: Weniger sitzen! Das kann man als Chance sehen für Menschen, die keinen Sport machen wollen oder können. Nur die Schlagzeile »Sitzen ist das neue Rauchen« ist sicher griffiger als »Weniger sitzen ist der neue Sport«.

Zweitens: Ein Viertel der Artikel betonte, dass Menschen, die ihren Berufsalltag im Büro verbringen, besonders gefährdet sind.

Klar, wer im Büro arbeitet, sitzt viel. Aber schaut man in die Statistiken, findet man etwas sehr Interessantes: Sitzen ist nicht gleich sitzen. Wer viel im Büro sitzt, lebt gesünder als jemand, der viel vor dem Fernseher sitzt. Heißt das, im Büro kann ich ohne schlechtes Gewissen sitzen, aber beim Fernsehschauen sollte ich stehen?

Das ist ein wunderbares Beispiel dafür, dass Zahlen alleine noch keine sinnvollen Fakten ergeben. Lasst mich erklären, wie dieser Zusammenhang zustande kommt: Wer im Büro arbeitet, hat eher einen hohen sozioökonomischen Status, einen gewissen Bildungsgrad und kann sich einen gewissen Lebensstandard leisten. Diese Faktoren begünstigen allgemein eine bessere körperliche und seelische Gesundheit. Statistisch gesehen sind also reichere Menschen auch gesünder.

Ein hoher Fernsehkonsum hingegen geht statistisch einher mit einem niedrigeren sozioökonomischen Status, einem niedrigeren Bildungsgrad, einer höheren Arbeitslosenrate. Diese Faktoren korrelieren wiederum mit einer schlechteren seelischen und körperlichen Gesundheit, etwa einer ungesünderen Ernährung. Zum Beispiel ist man mit hohem Fernsehkonsum auch öfter Werbung für ungesundes Essen ausgesetzt.

Ihr seht, wie komplex das alles wird. Man kann relativ leicht herausfinden, wie viele Menschen vor dem Fernseher oder im

Büro sitzen. Aber aus diesen Daten den Einfluss des Sitzens auf die Gesundheit zu abzuleiten, ist praktisch unmöglich. Anders gesagt: Nur weil viel Fernsehschauen mit einem hohen Risiko für *Non-Communicable Diseases* verknüpft ist, heißt das noch nicht automatisch, dass es das Sitzen ist, das in dieser komplexen Gleichung das Gefährliche ist.

Eines können wir aber sicher sagen: *Non-Communicable Diseases* hängen stark mit dem sozioökonomischen Status zusammen. Betrachtet man das international, so betreffen 80 Prozent der NCDs einkommensschwächere Länder. Insofern ist der typische Bürohengst – global betrachtet – nicht das größte Opfer. Die mediale Betonung auf Sitzen im Büro ist allerdings nachvollziehbar, da die Zielgruppe der Artikel und Berichte Menschen sind, die im Büro arbeiten, ja möglicherweise sogar gerade im Bürosessel sitzen, während sie lesen, dass sie in diesem Moment quasi rauchen.

Drittens: Über 90 Prozent der Artikel vermittelten, dass Bewegung in der Verantwortung des Einzelnen liege.

Stimmt das etwa nicht? Auch ich habe oben geschrieben, dass die Risiken für NCDs vermeidbar seien, da wir die größten Risikofaktoren selbst in der Hand hätten. Das muss ich an dieser Stelle dringend genauer ausführen, um nicht denselben Fehler zu machen wie die meisten Artikel zu diesem Thema.

Natürlich bin ich am Ende diejenige, die ihre Muskeln in Bewegung setzt. Aber es gibt so viele äußere Faktoren, die meine Willenskraft beeinflussen. Zum Beispiel profitiere ich von einem Wohlstand, der es mir ermöglicht, Geld für ein Fitnessstudio auszugeben. (Ich bin sogar so wohlhabend, dass mein Mitgliedsbeitrag alleine noch nicht genug Motivation ist, um überhaupt ins Fitnessstudio zu gehen.) Ich bin außerdem selbstständig, habe also keinen Chef oder Kollegen, die mich schräg ansehen, wenn ich jede Stunde aufstehe und ein paar Hampelmänner mache. Und soweit ich das beurteilen kann, erfreue ich mich seelischer Gesundheit, was mich überhaupt erst dazu befähigt, meine körperliche Gesundheit zu pflegen. Und so weiter und so fort.

»Einfach mal mehr bewegen« ist leicht gesagt und viel schwerer getan, doch bei manchen schwerer als bei anderen. Dass 80 Prozent der NCDs in einkommensschwächeren Ländern auftreten, liegt weniger an der Willenskraft der Menschen, sondern vielmehr an ihrem sozioökonomischen Status und den vielen komplexen Zusammenhängen, die damit verwoben sind.

Wenn wir NCDs bekämpfen wollen, gibt es viele Stellschrauben. Das fängt bei Bildung und Aufklärung an und geht bis hin zu konkreten Bewegungsmaßnahmen, die Arbeitgeber in den Arbeitsalltag integrieren, seien es verstellbare Bürotische oder etablierte Bewegungspausen.

Was nehme ich nun aus all dem mit für meinen Alltag? Ich werde mich jetzt weniger schlecht fühlen, dass ich es nicht so oft ins Fitnessstudio schaffen werde, zumindest solange dieses Buch noch nicht fertig ist. Stattdessen werde ich tatsächlich jede Stunde mal aufstehen und zum Beispiel zwanzig Hampelmänner machen. Oder abends einen Spaziergang. Oder beides.

Was ihr aus den Forschungsergebnissen für euch mitnehmt, entscheidet ihr selbst. Vor allem müssen wir aber bereit sein, uns nicht mit kurzen Antworten zufriedenzugeben, sondern möglichst viele Seiten eines Themas zu betrachten. Denn nur wenn wir etwas genau verstehen, können wir gute Entscheidungen treffen.

Also, ich mach jetzt mal eine Bewegungspause.

Macht ihr mit?

KAPITEL 5

Natürlich chaotisch

»Und was machst du sonst so? Neben YouTube?«

Die meisten gehen davon aus, dass ich neben meinem YouTube-Kanal ja noch etwas anderes machen muss. Das tue ich zwar auch, aber nur, weil ich verrückt bin. Ein Wissenschaftsvideo wöchentlich zu produzieren wäre ein völlig ausreichender Vollzeitjob, bei dem ich mich nicht langweilen würde. Dass man ein Video aufnehmen und schneiden muss, leuchtet ein. Aber genauso viel Zeit, meistens sogar deutlich mehr, fließt in die Recherche und das Skript. Bevor ich in meiner Wohnung einen Glasfaseranschluss hatte, ging pro Woche außerdem noch ein ganzer Tag allein für den Datentransfer drauf. Wenn man mit Videodateien hantiert, kommen da einige Gigabyte zusammen. Je nach Internetanschluss kann es schneller sein, eine Speicherkarte per Post zu verschicken.

Gerade bin ich mit dem Schnitt fertig geworden, jetzt muss das Video nur noch hochgeladen werden. Meine Videos gehen jeden Donnerstag um 6:30 Uhr morgens online, ich kann sie aber schon früher hochladen und die entsprechende

Zeit der Veröffentlichung einstellen. Manchmal wird das Video auch erst wenige Stunden vorher, also mitten in der Nacht, fertig. So ist das eben, wenn man neben YouTube noch was anderes macht. Jetzt ist es immerhin erst Mittwochnachmittag.

Manchmal ist mein Schreibtisch in meinen Videos zu sehen, superaufgeräumt natürlich. Aber das ist alles nur Fassade. Mein Schreibtisch verkommt in regelmäßigen Zyklen zu einem geradezu peinlichen Chaos. Dabei bin ich nicht unbedingt ein grundchaotischer Mensch. Manche meiner Lebensbereiche sind superorganisiert. Zum Beispiel mein Kalender und meine E-Mails, generell alles, was ich elektronisch ordnen kann. Aber mit Ausnahme meines Kleiderschranks, wo meine Klamotten sogar nach Farben geordnet sind, muss ich mich in der analogen Welt ziemlich anstrengen, um Ordnung zu bewahren. Vor allem seit ich zu Hause arbeite und niemand anderen mit meiner Unordnung stören könnte, eskaliert das Chaos regelmäßig. Obwohl ich prinzipiell sehr gerne Besuch zu Hause habe, darf man bei mir nicht unangekündigt vorbeikommen, denn man könnte mich in einer meiner Chaosphasen erwischen, die nur meine engsten Freunde sehen dürfen.

Nur: Warum ist einem ein bisschen Unordnung bereits peinlich? Ich sehe keinen logischen Grund, warum man sich dafür schämen sollte. Man könnte behaupten: Wer seinen Schreibtisch nicht unter Kontrolle hat, hat sein Leben nicht unter Kontrolle, oder so. Aber das leuchtet mir nicht ein. Würde mein Chaos meine Arbeit beeinträchtigen, würde ich mich schon zusammenreißen, denn ich hasse wenige Dinge mehr als Ineffizienz. Ich weiß immer, wo alles ist. Und sobald ich Zeit damit verliere, Dinge zu suchen, wird es Zeit aufzuräumen. Insgesamt gewinne ich dadurch mehr Zeit, da ich in der Summe weniger Zeit mit Aufräumen verbringe. Ist doch ganz logisch. Ich bin nicht chaotisch, ich bin einfach nur pragmatisch!

Ich muss allerdings zugeben, dass Ordnung ein gewisses menschliches Bedürfnis zu sein scheint. Ordnung und Benehmen gehen Hand in Hand, dafür gibt es einige wissenschaftliche Hinweise. Allein der Geruch von Zitrusreiniger kann dazu führen, dass wir uns ethisch korrekter verhalten, beobachtete die Psychologin Katie Liljenquist. Sie steckte zwei Testgruppen in zwei verschiedene Räume, die identisch eingerichtet waren, nur war Raum A geruchsneutral, Raum B wurde mit ein paar Sprühern Zitrusreiniger versehen. Erstaunlicherweise verhielten sich die Versuchsteilnehmer in Raum B mit Zitrusduft in der Nase fairer und großzügiger während eines inszenierten Spiels und waren auch eher dazu bereit, an eine wohltätige Organisation zu spenden. Lag das nun an der Assoziation zum Reinigen, oder hat Zitrusduft an sich eine magische Wirkung?

Ein paar Jahre später ging die Psychologin Kathleen Vohs der Sache näher auf den Grund und steckte zwei Testgruppen in einen aufgeräumten Raum und einen unordentlichen Raum. Dort ließ Vohs beide Gruppen verschiedene zusammenhangslose Aufgaben erledigen und Fragebögen beantworten, darunter war auch ein Aufruf zu einer Spende. Ähnlich wie beim Zitrusreiniger kam die Moral mit der Ordnung: Die Teilnehmer im aufgeräumten Raum waren bereit, deutlich mehr zu spenden. Am Ende des Experiments wurde den Teilnehmern außerdem eine Kleinigkeit angeboten, sie durften wählen zwischen einem Apfel und einer Süßigkeit. Diejenigen, die ihre Zeit im ordentlichen Raum verbracht hatten, griffen deutlich häufiger zum Apfel, die »Messies« entschieden sich eher für den ungesunden Snack. Wir Menschen scheinen also Ordnung und Struktur zu brauchen, um uns ordentlich zu benehmen.

Ich berichte gerne von psychologischen Studien, es sind oft bessere Geschichten als etwa chemische Experimente. Aber leider muss ich mich immer fragen, wie reproduzierbar diese Studien sind. **Reproduzierbarkeit** bedeutet: Wenn ich dieselbe Studie noch einmal mit denselben Methoden, aber mit anderen Versuchsteilnehmern durchführe, komme ich dann zum selben Ergebnis? Die Antwort ist leider: Nicht immer. Je nachdem, wie pessimistisch man das sieht, kann man auch sagen: Nicht oft.

2015 wurde ein Projekt veröffentlicht, bei dem sich 270 Wissenschaftler für einen großen Test zusammengeschlossen hatten: Sie nahmen 98 bereits veröffentlichte psychologische Studien und wiederholten sie. Weniger als die Hälfte der Wiederholungen kam zum selben Ergebnis wie die Originalstudien – ganz schön ernüchternd, um es nett auszudrücken. Woran liegt das? Beziehungsweise wie zum Teufel kann das überhaupt sein??

Es ist eine Frage der **wissenschaftlichen Methoden,** also der Art und Weise der Datenerhebung und Auswertung. Wenn ihr euch für Wissenschaft interessiert, merkt euch eins: **Wissenschaftliche Ergebnisse sagen wenig aus, solange ihr nicht nachvollziehen könnt, auf welchem Weg diese Ergebnisse produziert wurden.**

Lasst uns das ein wenig vertiefen. Stellt euch vor, ihr habt ein neues Medikament entwickelt und möchtet dessen Wirksamkeit nun klinisch prüfen. Dann ist der methodische Goldstandard eine sogenannte **randomisierte kontrollierte Studie** (kurz **RCT** für *Randomised Controlled Trial*). Was für ein sperriger Begriff. Aber es lohnt sich, ihn zu verstehen, vor allem wenn euch in Zukunft irgendein Internetartikel »Ergebnisse einer neuen Studie« unterjubeln möchte. Dann könnt ihr den RCT-Check machen und diese Ergebnisse besser einordnen.

Nehmen wir den Begriff »randomisierte kontrollierte Studie« mal kurz auseinander. Was eine Studie ist, sollte prinzipiell klar sein. Warum aber Studie nicht gleich Studie ist, das erklärt sich, wenn wir uns die beiden Adjektive genauer ansehen.

Fangen wir mit »kontrolliert« an und gehen dafür zurück zu dem Medikament, das ihr gerade in Gedanken entwickelt habt und testen wollt. Stellen wir uns spaßeshalber vor, es sei ein Medikament gegen Prokrastination, also »Aufschieberitis«, die ungünstige Angewohnheit, wichtige Aufgaben vor sich herzuschieben und erst dann zu erledigen, wenn es fast zu spät ist. (So ein Medikament gibt es nicht, aber wenn ihr es entwickeln würdet, uiuiui, ihr würdet reich werden.) Was macht ihr jetzt?

Nachdem das Medikament im Labor, an Zellen und in Tierversuchen sorgfältig getestet wurde, kommen die klinischen Studien. Hier verabreicht ihr euer Medikament möglichst vielen Menschen und beobachtet, ob sie dadurch produktiver werden und weniger Dinge vor sich herschieben. Aber das allein reicht noch nicht – was ihr unbedingt braucht, ist ein sogenanntes **Kontrollexperiment**, das ihr mit einer zweiten Gruppe von Studienteilnehmern durchführt, der Kontrollgruppe. Die Kontrollgruppe bekommt statt eures Medikaments ein **Placebo**, sprich irgendeine Scheinpille ohne Wirkstoff. Nun könnt ihr darauf wetten, dass die Kontrollgruppe im Schnitt auch produktiver wird und weniger prokrastiniert, dank Placebo-Effekt. Wenn ich weiß (oder glaube), dass ich ein Medikament nehme, und eine gewisse Wirkung erwarte, dann führt das nämlich oft zu einer *self-fulfilling prophecy* – was ich erwarte, tritt ein.

Euer Medikament kann also nur dann als wirksam gelten, wenn es bei den Teilnehmern der Testgruppe eine signifikant höhere Produktivität hervorruft als die Placebos bei der Kontrollgruppe. Ohne diese Kontrolle wäre eure Studie wissenschaftlich wertlos.

Nun habe ich das Beispiel Anti-Aufschieberitis-Medikament deswegen gewählt, weil es hier wahrscheinlich schnell einleuchtet, dass ein Placebo-Effekt eine große Rolle spielen würde. Motivation zur Produktivität ist schließlich etwas Psychologisches, das man sich einbilden kann. (Warum »Einbildung« eigentlich grundbiologisch ist, darauf kommen wir noch einmal in *Kapitel 7* zurück.) Aber der Placebo-Effekt spielt in der Medizin so gut wie immer eine Rolle, auch bei Schmerzmitteln, Antiallergika, Blutdruckmedikamenten und so weiter. Eigentlich müsste man immer eine Dose Placebo-Tabletten mit sich herumtragen, die man seinen Freunden für alles Mögliche anbieten kann. Wenn jemand über Kopfschmerzen klagt, einfach die Placebos zücken und behaupten: »Ach, schau mal, ich habe zufällig Kopfschmerztabletten dabei!« Funktioniert auch bei anderen Beschwerden: »Hier, ich habe zufällig etwas gegen Magenbeschwerden.« Oder: »Ich habe hier ein pflanzliches Beruhigungsmittel, das wirkt immer.«

Auf der anderen Seite gibt es den **Nocebo-Effekt,** den negativen Bruder des Placebo-Effektes. Auch die Erwartung einer unerwünschten Nebenwirkung kann zur *self-fulfilling prophecy* werden. Regelmäßig passiert es, dass Teilnehmer eine klinische Studie wegen Nebenwirkungen abbrechen – ohne zu wissen, dass sie eigentlich in der Placebo-Gruppe waren, gar keinen Wirkstoff bekamen und also auch keine Nebenwirkungen haben dürften. Das konnte man zum Beispiel mit einer harmlosen Spritze Salzlösung zeigen – ich weiß, »harmlos« und »Spritze« ist für manche bereits ein Widerspruch. Aber harmlos ist eine solche Spritze für Menschen mit Lebensmittelallergien, und trotzdem kann auch eine Placebo-Spritze ohne Allergen bei manchen eine waschechte allergische Reaktion auslösen.

Mit Placebo- und Nocebo-Effekt im Hinterkopf ist es nicht nur sinnvoll, Studienteilnehmer in Test- und Kontrollgruppen einzuteilen, sondern es ist genauso wichtig, dass die Teilnehmer selbst nicht wissen, in welcher Gruppe sie sind. Und mehr noch: Selbst die Forscherinnen und Forscher, die diese Studien durchführen und auswerten, wissen es nicht. Wenn sie den Datensatz eines Patienten vor sich liegen haben, haben sie keine Ahnung, ob dieser Teilnehmer den echten Wirkstoff oder ein Placebo erhalten hat. Denn als Wissenschaftlerin bin ich natürlich auch nur ein Mensch, und meine persönlichen Erwartungen könnten die Auswertung des Experiments beeinflussen und die Sachlichkeit trüben, sei es bewusst oder unbewusst. Wir trauen uns also selbst nicht, und das ist gut so. Diese Methode nennt man **Verblindung,** und eine Studie, in der sowohl die Teilnehmer als auch die Wissenschaftler im Unklaren gehalten werden, wird als **Doppelblindstudie** bezeichnet. Erst nachdem die Daten ausgewertet sind, darf die Verblindung aufgehoben werden.

»Kontrolliert« – und am besten »doppelblind« – ist also ein Qualitätskriterium für eine klinische Studie. Kommen wir nun zu »randomisiert«. Als ich randomisierte kontrollierte Studien einmal in einem Video erwähnte, hielten das manche für einen ziemlich schwachen Versuch, eine deutsche Übersetzung für »random« zu finden, was »zufällig« bedeutet. Aber randomisiert heißt nicht zufällig, randomisieren ist vielmehr das bewusste Erzwingen des Zufalls. Was meine ich damit?

Nehmen wir wieder unser Anti-Prokrastinations-Medikament. Wenn wir testen wollen, ob es funktioniert, wünschen wir uns natürlich, dass es funktioniert. So besteht die Gefahr, dass wir entweder bewusst oder unbewusst die Studienteilnehmer zu unserem Vorteil in Test- und Kontrollgruppe aufteilen. Ich könnte die Teilnehmer, die von vorneherein produktiver sind und weniger prokrastinieren, in meine Testgruppe stecken, die weniger produktiven in die Placebo-Gruppe. Dadurch würde ich das Ergebnis verfälschen. Damit das nicht passieren kann, werden die Versuchsteilnehmer randomisiert, sprich durch ein Computerprogramm zufällig in die beiden Gruppen aufgeteilt, damit ich als Wissenschaftlerin da keinen Einfluss nehmen kann.

Jetzt könnt ihr hoffentlich nachvollziehen, warum ein RCT, also eine randomisierte kontrollierte Studie der Goldstandard der klinischen Studien ist. Und trotz aller Sorgfalt sind gerade medizinische Zusammenhänge so vielschichtig und komplex, dass man trotz bester Methoden nicht automatisch zu einer einfachen Antwort kommt (wir erinnern uns an *Kapitel 4*). Dass ein Ergebnis nicht reproduzierbar ist, kommt sogar bei den besten randomisierten kontrollierten Studien vor.

Doch gerade in der Psychologie ist das Problem der schlechten Reproduzierbarkeit besonders groß. Das liegt nicht unbedingt daran, dass Psychologen schlechte Arbeit machen, sondern dass psychologische Methoden nicht so wasserdicht sind wie etwa RCTs. Zum Beispiel basieren psychologische Studien oft auf Fragebögen, sprich auf den eigenen Aussagen der Studienteilnehmer. Wie sehr kann man denen vertrauen?

Tja, das könnt ihr euch sicher selbst beantworten. Nur gibt es nun einmal keine bessere Methode, um etwa herauszufinden, wie sich jemand fühlt. Ein ausführliches Gespräch mit einem Experten, der die Teilnehmer evaluieren kann, ist auch fehleranfällig, da die qualitative Beurteilung des Forschers nicht gleichzusetzen ist mit einer physikalischen Messung, bei der ein Zahlenwert rauskommt. So ist es nachvollziehbar, dass die Reproduzierbarkeit solcher Experimente leidet. Hinzu kommt, dass die statistische Aussagekraft erst mit einer gewissen Teilnehmerzahl aufkommt. Eine gute Studie untersucht möglichst viele Studienteilnehmer. Man muss also auch Methoden finden, die in großem Maßstab realistisch umsetzbar – und reproduzierbar – sind. So können Wissenschaftlerinnen und Wissenschaftler gewissenhaft und korrekt arbeiten und trotzdem Fehler machen, da die Fehler im Kern der Methoden stecken. Deswegen kann ich nur ständig wiederholen: Achtet auf die Methoden, wenn ihr euch mit wissenschaftlichen Ergebnissen beschäftigt. Fragt euch immer: Wie genau kam man darauf? Ergebnisse allein können irreführend sein. Damit will ich nicht sagen, dass jede psychologische Studie Quatsch ist. Man kann sich trotzdem über Ergebnisse wie »Zitrusreiniger macht uns brav« freuen, solange man im Hinterkopf behält, dass man auf so etwas ein kritisches Auge haben sollte. Eine angemessene Reaktion wäre: »Ach witzig, interessant!« und nicht: »Ich muss sofort die Zimmer meiner Kinder mit Zitrusreiniger vollsprühen!«

Leider verstehen viele Wissenschaft falsch, indem sie wissenschaftliche Ergebnisse vorschnell auf die Praxis übertragen. Zu der Idee »Ordnung lässt uns moralisch handeln« passt die sogenannte **Broken-Windows-Theorie** in der Kriminalprävention. Laut der Theorie der zerbrochenen Fenster müssen kleine Verstöße wie Müll auf der Straße, Graffiti-Schmierereien an Wänden oder eben zerbrochene Fenster streng unterbunden werden, da schwere Straftaten ihren Keim in harmlosen Delikten finden. Demnach muss man diese rigoros bekämpfen und hart bestrafen, denn Ordnung und Ordentlichkeit beugen Kriminalität vor.

Dieses Verfahren war und ist umstritten, da die Strafen unverhältnismäßig sind und die gewünschte Wirksamkeit nicht belegt ist. Manche berufen sich aber trotzdem auf die oben genannten wissenschaftlichen Studien. Wieder ein gutes Beispiel dafür, dass wissenschaftliche Ergebnisse oft nur gut begründete Vermutungen sind und daher nicht immer dazu geeignet sind, direkt angewendet zu werden.

Kathleen Vohs und ihre Kollegen fragten sich allerdings: Wenn der Mensch Struktur und Ordnung so sehr braucht, warum setzt sich das Chaos immer wieder durch? Vielleicht brauchen wir das Chaos ebenso sehr wie die Ordnung? Vohs nahm wieder zwei Versuchsräume, einen aufgeräumten und einen unordentlichen, um eine Vermutung zu testen, die zwar weitverbreitet, aber bis dahin wissenschaftlich wenig belegt war: Chaos macht kreativ.

Kreative Aufgabe für euch: Stellt euch vor, ihr betreibt eine Tischtennisball-Fabrik und steht vor dem Problem, dass die Menschen zunehmend weniger Tischtennis spielen. Damit die Firma nicht bankrott geht, müsst ihr euch neue Anwendungen für eure Tischtennisbälle ausdenken. Wie viele verschiedene Anwendungen fallen euch ein? Seid ruhig innovativ, verrückte Ideen sind willkommen, selbst wenn die Umsetzbarkeit schwierig wäre.

Genau diese Aufgabe stellte Vohs den beiden Teilnehmergruppen. Die Teilnehmer im unordentlichen Raum hatten kreativere und unkonventionellere Ideen, wie man Tischtennisbälle zweckentfremden könnte, etwa als Eiswürfelformen oder für Molekülbaukästen. Eine Kernfähigkeit kreativer Menschen ist es, unkonventionell zu denken, Dinge in einem ungewöhnlichen Kontext zu sehen, nicht verwandte Dinge miteinander zu verknüpfen. Unordnung scheint uns dabei zu helfen.

In einem anderen Experiment bot Vohs den Versuchsteilnehmern in den zwei verschiedenen Räumen Obstsmoothies an, die entweder mit dem Label »klassisch« oder »neu« angepriesen wurden. Die Teilnehmer im aufgeräumten Raum bevorzugten den »klassischen« Drink, die Teilnehmer im unordentlichen Raum den »neuen«. Chaos ermutigt uns also zu Unbekanntem, Unkonventionellem, Neuem. So fand Vohs auch eine gute Seite des Chaos. Denn ohne kreatives und innovatives Denken und ohne Mut zu Neuem gäbe es weder Kunst noch wissenschaftlichen Fortschritt. Und bei allem, was ich euch oben über den kritischen Umgang mit psychologischen Studien gesagt habe, gebe ich zu, dass ich genau diese wissenschaftliche Erkenntnis nur allzu gerne zitiere, vor allem, wenn unangekündigter Besuch mit meinem Chaos konfrontiert wird.

Als Chemikerin betrachte ich Chaos ja auch gerne thermodynamisch. Die **Thermodynamik** ist ein wunderschöner Bereich, wo Physik und Chemie zusammenlaufen. Die thermodynamischen Gesetze sind ein bisschen wie Menschenrechte, nur für Moleküle. Sie unterscheiden nicht zwischen verschiedenen Teilchen. Es ist egal, ob du ein Sauerstoffmolekül oder ein Goldatom bist, die Gesetze der Thermodynamik betreffen uns alle: alle Lebewesen, alle Objekte, alle Moleküle, alle Atome, alle physikalischen und chemischen Prozesse.

Thermodynamik ist (gemeinsam mit der Quantenmechanik) das fundamentalste wissenschaftliche Verständnis dieser Welt und dieses Universums. Und die Thermodynamik sagt: **Das Universum möchte nicht nur chaotisch sein, es *muss* chaotisch sein.** Andernfalls würde es vielleicht passieren, dass ich aus heiterem Himmel ersticke, während ich diesen Satz schreibe, weil sich alle Luftmoleküle in meinem Zimmer plötzlich in einer Ecke versammeln und ich leer ausgehe. Absurde Vorstellung, könnte man jetzt denken – aber ist es wirklich so absurd?

Die Luft um uns herum besteht zu 78 Prozent aus Stickstoffgas, zu 21 Prozent aus Sauerstoffgas, das restliche eine Prozent sind Edelgase und Kohlenstoffdioxid. Diese Gasmoleküle machen zusammen aber weniger als 0,1 Prozent des Volumens, also des Raumes aus. Der Rest ist – nichts!

Aber jetzt schaut euch einmal die Kuppe eures kleinen Fingers an. Bei manchen ist es mehr, bei anderen weniger, aber sagen wir, die Spitze eures kleinen Fingers hat ein Volumen von einem Kubikzentimeter. In einem Luftvolumen von einem Kubikzentimeter befinden sich etwa 26 Trillionen Gasmoleküle. Das ist eine Zahl mit 20 Stellen vor dem Komma.

Diese Luftmoleküle haben natürlich auch eine Masse. Ein einzelnes wiegt nicht viel, aber in der Summe kommen wir auf etwa 1,2 Kilogramm pro Kubikmeter, das nennt man die **Luftdichte.**

Und die Moleküle haben nicht nur eine Masse, dieser unglaubliche Schwarm bewegt sich auch noch! Wie schnell sie sich bewegen, hängt von der Temperatur ab, wir erinnern uns an unsere Kaffeetasse aus *Kapitel 1:* je wärmer, desto schneller. Bei Raumtemperatur sausen uns Gasmoleküle mit einer Geschwindigkeit von über 1000 km/h um die Ohren. Ganz schön stürmisch, diese kleinen Moleküle. Man könnte auch sagen, sie machen richtig Druck. Denn so ist es. Druck ist Kraft pro Fläche, und durch ständiges Stoßen der Moleküle auf uns und jede andere Fläche üben sie einen Druck aus, den **Luftdruck.** Er beträgt etwa 1 bar. Das entspricht einem Gewicht von guten 10 000 Kilogramm pro Quadratmeter.

Nehmen wir an, die Fläche über meinem Kopf beträgt 0,1 Quadratmeter. Dann lastet ein Luftdruck von etwa 1000 Kilogramm, also 1 Tonne auf mir, fast so viel wie ein VW

Polo. Auf euch natürlich auch, wir alle werden pausenlos von Luftmolekülen bombardiert. Wie halten wir das bloß aus? Warum spüren wir nichts von diesem massiven Luftdruck?

Tja, auch wir bestehen ja aus Molekülen. Und die üben ihrerseits einen Druck nach außen aus, der genauso groß ist wie der Atmosphärendruck. Wenn sich der äußere Druck ändert, spüren wir das in der Regel recht schnell über unser Trommelfell. Diese dünne Membran in unserem Ohr bleibt unbemerkt, solange der Druck auf beiden Seiten des Trommelfells gleich groß ist. Sobald sich aber der Luftdruck außen verändert, zum Beispiel indem wir in einem Flugzeug auf- oder absteigen, fühlt es sich an, als würden unsere Ohren zugehen. Steigt der Druck außen, trommeln die Luftmoleküle von außen gegen das Ohr und drücken das Trommelfell nach innen; sinkt der Druck außen, trommeln die Luftmoleküle von innen ans Ohr und drücken das Trommelfell nach außen. Dadurch entsteht dieses Gefühl, dass unsere Ohren verstopfen. Und da das Trommelfell nun weniger frei schwingen kann, hören wir alles leiser. Das Ohr hat aber eine Art Ventil, die sogenannte Eustachi-Röhre, lustigerweise manchmal auch Ohrtrompete genannt. Sie ist eine Verbindung zwischen Ohr und Nasenrachenraum, die in der Regel geschlossen ist, allerdings durch Kauen oder Gähnen kurz geöffnet werden kann, wodurch es zum Druckausgleich kommt.

Im Flugzeug spüren wir den Druckunterschied, weil die Luftdichte nach oben hin immer geringer wird. Was, wenn man jetzt noch höher hinausgeht – ins All zum Beispiel?

Unsere dicke Atmosphäre voller wilder Luftmoleküle ist eine Rarität im Universum. In den Weiten des Weltalls herrscht das Vakuum. **Vakuum** bedeutet leerer Raum, keine Moleküle, nichts. Was würde passieren, wenn man einen Menschen ohne Schutzanzug ins Vakuum des Weltalls werfen würde? Spoiler: Wir würden sterben. Aber die eigentlich interessante Frage ist: wie genau?

Dieses Szenario wurde schon in vielen Science-Fiction-Filmen interpretiert. In »Star Wars Episode VIII« zum Beispiel wird Leia ins Weltall geschleudert, und es scheint zunächst, als würde ihr Körper erfrieren, die Haut sieht aus wie mit kleinen Eiskristallen übersät. Diese Szene wurde von manchen Star-Wars-Fans als übermäßig unrealistisch getadelt, weil Leia am Ende doch überlebt, indem sie sich mithilfe der Macht wieder ins Schiff rettet. Ich finde die Szene in erster Linie unrealistisch, weil man im All gar nicht so schnell erfrieren würde. Und das, obwohl das Weltall durchaus unglaublich kalt ist. Mit »unglaublich« meine ich, wir nähern uns dem **absoluten Nullpunkt,** also dem Kältesten, was möglich ist.

Wenn Temperatur nichts anderes ist als die Bewegung von Teilchen (wir erinnern uns an *Kapitel 1*), dann ist »so kalt wie möglich« gleichbedeutend mit »so langsam wie möglich«. Den absoluten Nullpunkt, 0 Kelvin oder minus 273,15 °C,

VAKUUM

kann man sich daher vorstellen als Punkt der absoluten Bewegungslosigkeit. Kälter als bewegungslos geht nicht, deswegen gibt es bei den Temperaturen eine physikalische Grenze nach unten. Doch der **Dritte Hauptsatz der Thermodynamik** verbietet es, dass der absolute Nullpunkt in der Praxis tatsächlich erreicht werden kann. Das Weltall kommt allerdings nah ran, 2,7 Kelvin beziehungsweise minus 270,45 °C herrschen da. Wie soll man da bitte *nicht* erfrieren?

Das hat wieder mit unserem Kaffee aus *Kapitel 1* zu tun. Abkühlen funktioniert vor allem durch Wärmeleitung, dazu müssen Moleküle aneinanderstoßen. Je mehr Materie miteinander in Kontakt steht, also je öfter Teilchen aneinanderstoßen können, desto besser funktioniert auch die Wärmeleitung. Deswegen ist zum Beispiel ein Eimer voller Eiswasser deutlich effizienter als ein Eimer voller Eiswürfel, um darin Getränke kalt zu stellen (kleiner Tipp am Rande, falls ihr mal spontanen Besuch bekommt und möglichst schnell Getränke kalt stellen möchtet). Denn zwischen den Eiswürfeln ist Luft, und im Vergleich zum Wasser besteht Luft aus weniger Teilchen, was zu weniger Teilchenstößen führt. Am langsamsten kühlen Flaschen daher im Kühlschrank ab, denn Luft ist ein lausiger Wärmeleiter.

Noch lausiger ist aber das Vakuum im Weltall, hier haben wir ja gar keine Materie. Deswegen gibt es auch keine Moleküle, an die ich als warmer Körper meine Wärme übertragen könnte. Wir würden lediglich durch Wärmestrahlung abkühlen, aber nur langsam. Das heißt: Trotz Temperaturen in der Nähe des absoluten Nullpunkts würden wir im All nicht so schnell erfrieren.

Vielleicht würden wir aber explodieren? Die Idee: Wenn der äußere Luftdruck wegfällt und nichts dem inneren Körperdruck entgegenhält, platzen wir. Es gibt nette YouTube-Videos, wo Schokoküsse unter eine Vakuumglocke gestellt werden, aus der langsam die Luft herausgezogen wird. Die Schokoschicht bricht, und die weiße Schaumfüllung quillt in alle Richtungen. Aber wir sind zum Glück keine Schokoküsse. Unsere Haut und unser Gewebe sind robust genug, um uns im Vakuum zusammenzuhalten.

Aber es muss ja nicht gleich eine Explosion sein. Es geht auch weniger dramatisch und trotzdem sehr unangenehm. Selbst in den Höhen unserer Erdatmosphäre, ab etwa 18 bis 19 Kilometern über dem Meeresspiegel, fängt unser Körper an zu sprudeln, könnte man sagen. Ebullismus ist das Stichwort (vom lateinischen *ebullire,* was »hervorsprudeln« bedeutet). Klingt spritzig, doch die Symptome sind unschön: Das Wasser in Mund und Augen fängt an zu sieden, Durchblutung und Atmung werden beeinträchtigt, das Gehirn wird nicht mehr ordentlich mit Sauerstoff versorgt, weil die Arterien blockiert werden, und die Lungen können anschwellen und Blutungen erleiden. Da wünscht man sich doch schnell wieder den VW Polo voller Luftmoleküle auf den Kopf.

Nur: Warum fängt unser Körper an zu sprudeln? Sprudeln heißt sieden, eine Flüssigkeit verwandelt sich in ein Gas. Um etwas zum Sieden zu bringen, habe ich prinzipiell zwei Möglichkeiten. Erstens: Erhitzen. Darüber haben wir in *Kapitel 1* schon gesprochen: Wenn ich Wasser koche, bringe ich mehr Bewegung in die Wassermoleküle. Der Bewegungsdrang wird irgendwann so groß, dass die Wassermoleküle nicht mehr aneinander festhalten können oder wollen – und verdampfen. Doch es gibt noch eine zweite Möglichkeit, um Flüssigkeiten zum Sieden zu bringen: Den Druck verringern. Dass Wasser bei 100 °C anfängt zu sieden, gilt genau genommen nur für den Atmosphärendruck, der auf Höhe des Meeresspiegels herrscht. Auf der Spitze des Mount Everest, in 8848 Metern Höhe, siedet Wasser wegen des geringeren Luftdrucks bereits bei 70 °C. Denn Wasser ist einerseits flüssig, weil die Wassermoleküle aneinander festhalten, andererseits aber auch, weil auf ihnen der Luftdruck lastet. So wie die Luftmoleküle auf uns niederprasseln, stoßen und drücken sie auch gegen die Wassermoleküle in meinem Kochtopf. Gehen wir mit dem Kochtopf auf die Spitze des Mount Everest, ist die Luft dünner, und weniger Luftmoleküle stoßen auf das Wasser. Je kleiner der Luftdruck, desto leichter wird es für die Wassermoleküle, den Topf zu verlassen und zu verdampfen. Und in 18 bis 19 Kilometern Höhe ist die Luft dann so dünn, dass Wasser schon bei Körpertemperatur verdampft. Im All, wo der Luftdruck praktisch null ist, ist das mit dem Verdampfen gar kein Problem mehr.

Außerdem würde sich die Luft in unseren Lungen sehr stark ausdehnen. Das Volumen eines Gases kann man, genau wie den Aggregatzustand, zweifach beeinflussen. Zum einen durch die Temperatur: **Je niedriger die Temperatur, desto weniger Raum nimmt ein Gas ein; je höher die Temperatur, desto mehr Raum nimmt es ein.** Um sich das klarzumachen, muss man nur eine Flasche nehmen und den Deckel durch einen Luftballon ersetzen. Solange keine Luft aus der Flasche entweichen kann, wird man beobachten, wie sich der Luftballon »aufbläst«, sobald man die Flasche erwärmt, etwa in einem heißen Wasserbad. Kühlt man die Flasche in kaltem Wasser wieder ab, sinkt der Ballon in sich zusammen.

Zum anderen kann ich das Gasvolumen durch Druck beeinflussen: Wenn ich einen Luftballon aufblase, stoßen die Luftmoleküle innerhalb des Ballons gegen die Ballonhaut. Die Größe des Ballons hängt nicht nur davon ab, wie viel Luft ich hineinblase, sondern auch von dem Luftdruck, der von außen dagegenhält. Verringere ich jetzt den Druck von außen, wird sich der Ballon weiter ausdehnen. Ein Ballon, der fast nur aus Gas besteht, würde im Weltall also tatsächlich explodieren.

Heimexperiment № 2

Ein Luftballon wird über eine Flasche gestülpt.

Im heißen Wasser dehnt sich die Luft aus und „bläst den Ballon auf".

Im kalten Wasser erschlafft er wieder.

Würde ich aus Versehen ins All geschleudert werden, würde ich wahrscheinlich instinktiv die Luft anhalten, die sich dann schnell ausdehnen und meine Lungen sprengen würde. Stattdessen also lieber schnell ausatmen – wobei es auch wieder egal ist, da man ja ohnehin stirbt.

Auch wenn wir nicht explodieren wie ein Schokokuss und Haut und Gewebe intakt bleiben, würden wir dennoch nicht lange überleben. In den Sechzigern kam der Astronaut Jim LeBlanc mit dem Schrecken davon, als während einer Übung in einer Vakuumkammer sein Raumanzug undicht war. Das Letzte, woran er sich erinnerte, bevor er bewusstlos wurde, war das Kitzeln in seinem Mund durch den siedenden Speichel. Zum Glück wurde er rechtzeitig wieder an die dicke Luft gebracht und erlitt keine bleibenden Schäden.

Es siedet und sprudelt also, aber sterben würden wir wahrscheinlich als Erstes – ganz unspektakulär – am Sauerstoffmangel. Glücklicherweise würde uns unser Gehirn nach einigen Sekunden Sauerstoffmangel in die Bewusstlosigkeit schicken, sodass wir von der Misere nichts mehr mitbekommen würden. Und deswegen stimme ich den Star-Wars-Kritikern zu: Dass Leia ausgerechnet im luftleeren Raum die Macht anwenden kann, die ja so viel Konzentration verlangt, ist tatsächlich höchst unrealistisch.

Interessant ist auch die Frage, was nach so einem Tod im Weltall mit dem Körper passieren würde. Die kurze Antwort ist: Nicht allzu viel. Die Zersetzungsprozesse, die normalerweise nach Ende unseres irdischen Lebens ablaufen, sind chemische Reaktionen mit Sauerstoff und Wasser, die ein bisschen Wärme und teilweise die Hilfe von Mikroorganismen benötigen. All das gibt es im Weltall nicht, und ein Toter wäre bestens konserviert. Immerhin etwas.

Aber kommen wir mal wieder zurück auf die Erde, bevor es zu makaber wird. Während ich am Schreibtisch sitze und mein Video hochlade, sausen zum Glück genügend Luftmoleküle um mich herum. Wenn Tür und Fenster geschlossen sind, können sie zwar nicht raus, aber innerhalb des Büros können sie sich frei bewegen. Niemand schreibt den Luftmolekülen vor, in welche Richtung sie sich bewegen sollen. Theoretisch ist es also möglich, dass sich alle Moleküle zu irgendeinem Zeitpunkt rein zufällig in eine Ecke des Raums verziehen und ich an meinem Schreibtisch keine Luft mehr bekomme und einen All-Tod auf Erden erlebe. Möglich ist das tatsächlich, nur sehr, sehr unwahrscheinlich. Deswegen spricht man in der Physikalischen Chemie selten von »möglich« und »unmöglich«, sondern nur von **Wahrscheinlichkeiten.** Daran erkennt man im Privatleben übrigens auch Physikalische Chemiker. Die sagen nicht: »Ich könnte niemals einen Marathon laufen.« Sondern: »Es ist äußerst unwahrscheinlich, dass ich einen Marathon schaffen würde.«

Hinter dieser Unwahrscheinlichkeit steckt der uns bereits bekannte Zweite Hauptsatz der Thermodynamik. In *Kapitel 1* hieß es: »Mach das Fenster zu, die Wärme geht raus!« Wärme fließt immer vom Warmen zum Kalten, nie andersrum. Aber eigentlich kann man das noch viel allgemeiner ausdrücken, nämlich: **Die Unordnung nimmt von alleine niemals ab.** Das betrifft das Universum im Großen wie meinen Schreibtisch im Kleinen. Von alleine wird mein Schreibtisch niemals ordentlicher, nur chaotischer. Jeder freiwillige Prozess in diesem Universum, sei er physikalisch, chemisch oder biologisch, führt zu einer größeren Unordnung als zuvor, es sei denn, man wendet Arbeit und Energie auf, um diesen Prozess umzukehren oder aufzuhalten (es sei denn, ich räume meinen Schreibtisch auf). Die Unordnung hat sogar einen Fachbegriff: **Entropie. Die Entropie im Universum nimmt immer zu.**

Was heißt das nun für mein Überleben am Schreibtisch? Wenn sich alle Gasmoleküle in meinem Zimmer frei und unabhängig voneinander bewegen und dabei möglichst ungeordnet und chaotisch umherfliegen, dann ist es die logische Folge, dass sie sich ziemlich gleichmäßig im Raum verteilen. Wollte man die Moleküle nun in einer Ecke des Raumes sammeln, müsste man ihre freie Bewegung einschränken und Ordnung in das System bringen. Und das ist gegen das Gesetz des Universums. Und daher ist es unmöglich. Äh, ich meine natürlich unwahrscheinlich.

Der Zweite Hauptsatz der Thermodynamik sorgt auch dafür, dass alles in diesem Raum Raumtemperatur hat (mit Ausnahme meines Körpers, der entsprechende Arbeit verrichtet, um bei 37 °C zu bleiben). Wenn ich einen heißen Kaffee in den Raum bringe, wäre es gegen das Gesetz der Unordnung, dass sich die Bewegung der Kaffeeteilchen nicht weiter durch den Raum fortpflanzt. Chaos führt am Ende zu einer möglichst gleichmäßigen Verteilung. Wenn ich meine Klamotten möglichst chaotisch haben wollte, würde ich sie eben nicht nach Farben im Schrank sortieren, sondern wild – und damit im Endeffekt gleichmäßig – im Raum verteilen.

Ich nehme einen tiefen Zug Luftmoleküle und schaue angespannt auf meinen Bildschirm, weil mein Video-Upload nicht funktioniert. Mit einer bösen Vorahnung laufe ich ins Wohnzimmer und starre entsetzt auf die erloschenen Lichter des WLAN-Routers.

KAPITEL 6

What's in it for me?

Vor ein paar Wochen saß ich im ICE und hatte schlechte Laune. Ich hatte mir im Bordbistro eine Belgische Waffel mit Kirschen und Vanilleeis geholt, die ich auch dort zu verspeisen gedachte. Zwei Herren im Anzug gesellten sich zu mir, der ältere, der mein Vater hätte sein können, sagte: »Das sieht aber gut aus!« Und nach einer kurzen Pause, während er sich ein wenig weiter zu mir herüberlehnte: »Und die Waffel sieht auch nicht schlecht aus – hahaha!« Der jüngere Kollege lachte verlegen mit.

Es gibt eine tolle Methode, um eine stille und erhabene Verachtung auszudrücken, nämlich den *Slow-Blink:* Man lässt sein Gesicht ausdruckslos, zieht lediglich die Augenbrauen hoch, hält Blickkontakt, aber blinzelt einmal ganz langsam, etwa eine volle Sekunde lang. Ich erhob also den Blick von meiner Belgischen Waffel, zog schon einmal die Augenbrauen hoch, sah zunächst dem jüngeren Kollegen ins Gesicht, das erfreulicherweise vor Unbehagen nur so tropfte, sah dann den älteren Herren an, den der stille Blickkontakt auch etwas zu irritieren schien, und machte einen schönen, langen Slow-Blink. Dann standen die gut aussehende Belgische Waffel und ich wortlos auf und ließen die Idioten im Bordbistro sitzen.

Früher hätte ich entweder nervös mitgelacht oder wäre ausfallend und laut geworden. Aber spätestens seit ich YouTube-Videos mache und jede Woche Tausende Kommentare bekomme, verfolge ich die Methode der Edelgaskonfiguration. Lasst mich das erklären, vielleicht hilft es euch auch.

Die **Edelgase** findet ihr in der achten Hauptgruppe des Periodensystems, und sie sind ein tolles Vorbild für zwischenmenschliche Entspanntheit. Die bekanntesten Edelgase sind die beiden ersten der Gruppe, Helium (He) kennt man von den Ballons, und Neon (Ne) kennt man von den Leuchtröhren. Geht man die Reihe weiter runter, trifft man auf Argon (Ar), Krypton (Kr), Xenon (Xe), Radon (Rn) und Oganesson (Og). Ihr erinnert euch an *Kapitel 2* – die Elemente sind im Periodensystem nach Ordnungszahl, sprich nach der Anzahl ihrer Protonen im Kern sortiert. Geht man innerhalb einer Gruppe im Periodensystem also nach unten, werden die Elemente immer schwerer. Die schweren Kerne sind oft radioaktiv, sie sind nicht stabil und zerfallen. Unter den Edelgasen sind Radon und Oganesson radioaktiv, deshalb lassen wir sie hier mal außen vor, da sich die Edelgase sonst durch eine bemerkenswerte Stabilität auszeichnen. Edelgase sind unglaublich reaktionsträge, sie sind sich viel zu schade, um mit irgendjemandem eine Bindung einzugehen. *They can't be bothered,* würde man im Englischen sagen. Das ist genau das, was sie so »edel« macht.

Vergleichen wir das mit Fluor aus *Kapitel 2,* das den Sinn seines aggressiven, kurzzeitigen Lebens allein darin sieht, einen Bindungspartner zu finden, so haben Edelgase das überhaupt nicht nötig. Das liegt daran, dass die Edelgase acht

Außenelektronen besitzen – wir erinnern uns an die Oktettregel. Während das Fluor erst zusammen mit Kohlenstoff als Teflon oder zusammen mit Natrium in der Zahnpasta Ruhe findet, haben Edelgase von vorneherein die Ruhe weg. Während die restlichen Elemente der Hauptgruppen Bindungen eingehen, um auf acht Außenelektronen zu kommen, hat ein Edelgas bereits alles, was es sich wünschen kann. Deswegen wird die Oktettregel manchmal auch **Edelgasregel** genannt, und eine volle Außenschale nennt man **Edelgaskonfiguration.** Und ich nenne eine entspannte, erhabene Gemütseinstellung nun ebenfalls Edelgaskonfiguration. Es ist ein schönes Mantra, wenn man sich mit blöden Kleinigkeiten rumärgert, die eigentlich total unwichtig sind. »Sei ein Edelgas!«, denke ich mir dann.

Edelgase sind so selbstzufrieden, dass sie noch nicht einmal mit sich selbst Verbindungen bilden. Nehmen wir als Vergleich andere Gase wie Stickstoffgas oder Sauerstoffgas: Diese Gase sind aus sogenannten **Dimeren** aufgebaut. Ein Stickstoffmolekül besteht aus zwei Stickstoffatomen, N_2, ein Sauerstoffmolekül aus zwei Sauerstoffatomen, O_2. Dasselbe gilt für Wasserstoffgas, H_2. Edelgase hingegen sind so zufrieden, die schwirren tatsächlich ganz alleine herum, liegen also **monomer** vor.

Chemisch gesehen sind Edelgase nicht besonders spannend, weil mit ihnen nie was los ist. Im Gegenteil, Argon wird, neben Stickstoffgas, als sogenanntes **Schutzgas** im Labor eingesetzt. Stellt euch vor, ihr möchtet im Labor eine chemische Reaktion durchführen, aber die Stoffe, mit denen ihr arbeitet, sind so luftempfindlich, dass sie sofort mit Sauerstoff reagieren würden und futsch wären. Andere Stoffe sind extrem wasserempfindlich, und allein die Luftfeuchtigkeit in einem normalen Raum ist schon genug, um den Stoff kaputt zu machen.

Na ja, was heißt kaputt machen – ein Stoff, der etwa supersauerstoffempfindlich ist, liebt ja Sauerstoff. Es gibt für ihn nichts Schöneres, als mit Sauerstoff zu reagieren. Aber Chemiker sind dazu in der Lage, Zwangsehen zu schließen, Stoffe zusammenzubringen, die nicht so ohne Weiteres zusammenkommen würden. Etwa indem man die Luft aus seinem Kolben verdrängt und die gesamte Apparatur unter eine Argon-Atmosphäre setzt. Hat das reaktionsträge Argon erst einmal die ganze Luft verdrängt, kann man in Ruhe seine Reaktionen durchführen, ohne dass Sauerstoff oder Luftfeuchtigkeit in die Quere kommen.

Wären Edelgase nicht so reaktionsträge, wäre es auch keine gute Idee, Helium einzuatmen, um eine lustige Stimme zu bekommen. Reines Sauerstoffgas ist zum Beispiel nur mit Vorsicht zu genießen (darauf kommen wir in *Kapitel 10* noch mal zurück).

Edelgase machen ihr Ding und stehen dabei über den Dingen. Und das ist sehr inspirierend, wenn man zum Beispiel mit ekligen, älteren Männern im Bordbistro zu tun hat. Mit Edelgaskonfiguration hat man es gar nicht nötig, auf so etwas zu reagieren. So schwirrten meine Belgische Waffel und ich einfach erhaben davon, wie ein monomeres Argonmolekül.

Zurück an meinem Platz verlor ich allerdings meine edle Ruhe, als ich feststellte, dass das WLAN im Zug nicht funktionierte. Da brach die schlechte Laune dann doch aus. Ich hatte noch verdammt viel Arbeit zu erledigen. Ein anderer älterer – angenehmerer – Herr saß mir gegenüber und schmunzelte weise: »Ach, heutzutage weiß man gar nicht mehr, was man ohne Internet tun soll, nicht?« und bot mir seine Zeitung an. Ich verzichtete darauf, ihm zu erklären, was Internet heutzutage bedeutet.

Jetzt stehe ich jedenfalls in der Ecke meines Balkons, quetsche mich gegen das Geländer und verrenke meinen Oberkörper, um Handyempfang zu bekommen. Ich bin von der Außenwelt abgeschnitten, außer in dieser einen Ecke meines Balkons, wo ich zumindest genügend Empfang habe, um Christine anzurufen.

»Kann ich kurz vorbeikommen? Mein Internet ist ausgefallen, und ich muss noch ein Video hochladen.«

»Was, schon wieder?«

Es ist tatsächlich das zweite Mal innerhalb eines Monats, dass mein Internet ausfällt, was in einer Wohnung ohne Handyempfang besonders fatal ist. Eigentlich müsste ich mich dagegen versichern.

»Klar, komm vorbei, ich kann außerdem ein bisschen Ablenkung vertragen.«

Es ist ein Riesenglück, dass Christine und ich wieder in derselben Stadt gelandet sind. Wir haben uns während unserer Doktorarbeit beim selben Doktorvater kennengelernt und uns gegenseitig und gemeinsam durchgeboxt. Übrigens sind Christine und ich nicht besonders schlau, weil wir unseren Doktor gemacht haben. Etwa 85 Prozent der Chemiestudenten hängen an ihren Masterabschluss eine Doktorarbeit hinten dran. Das gehört fast schon zur Standardausbildung eines Chemikers. Für eine Doktorarbeit braucht man vor allem eine hohe Frustrationsgrenze, in dieser Hinsicht kann man schon stolz sein, wenn man es geschafft hat, aber man muss sich nichts darauf einbilden.

Christine ist allerdings tatsächlich sehr schlau, unabhängig von ihrem akademischen Grad. Nach dem Doktor machte sie einen sogenannten **Postdoc** in den USA. Zum Sprachgebrauch: Postdocs sind so etwas Ähnliches wie Doktoranden, nur dass sie ihren Doktor schon haben, sich aber weiter an der Uni ausbeuten lassen. Wenn ich die akademische Hierarchie einer Universität beschreiben müsste, würde ich zynisch sagen: Ganz oben sitzen die Professoren wie die Götter auf dem Olymp, ganz unten schuften die Promovierenden, das billige Arbeitervolk – und von ihnen kraxeln nun die Postdocs empor. (Studierende sind noch nicht einmal der Rede wert.) In der akademischen Laufbahn ist der Postdoc die Vorstufe zur Habilitation oder zur Juniorprofessur, doch auch in der Wirtschaft verlangen etwa Pharmafirmen inzwischen immer öfter Postdoc-Erfahrung für Einstiegspositionen. Eine absurde Qualifizierungsinflation.

Mein Schulfreund Daniel dagegen, der damals zu blöd war, eine e-Funktion abzuleiten, verdient inzwischen mit seinem BWL-Bachelor mehr als jeder Postdoc. Doch es ist nicht die Bezahlung an sich, die von einer Unikarriere abschreckt: Wer sich an der Uni durchsetzen möchte, muss sein Leben samt Privatleben und Schlaf der Wissenschaft opfern. Es gibt kein Wochenende, an dem Christine nicht arbeitet. Obwohl wir in derselben Stadt leben, sehe ich sie meistens nur, wenn ich sie im Labor besuche. Dabei ist all diese Arbeit keine Garantie für Berufssicherheit. Man hangelt sich von einem befristeten Arbeitsvertrag zum nächsten. Und es gibt in einer akademischen Laufbahn nur eine Endstation: die Professur auf Lebenszeit. Wenn man extrem gut ist, erreicht man diese Station vielleicht irgendwann mit Ende dreißig. Obwohl es nur die Wenigsten und Allerbesten überhaupt zur Habilitation schaffen, gibt es schlicht und einfach nicht genügend Professuren. Harte Arbeit, Intelligenz und Talent reichen nicht, man braucht zusätzlich eine große Portion Glück. Wer es nicht schafft, eine Professur zu ergattern, der steht eines Tages völlig überqualifiziert da und muss sich in der Industrie vielleicht sogar auf dieselben Stellen bewerben wie die eigenen Studenten.

Warum tut man sich so etwas an? Alles für die Wissenschaft? Forschung verlangt tatsächlich viel Idealismus und eine starke Überzeugung von den Grundprinzipien der Wissenschaft. Es ist der Wunsch, einen Beruf auszuführen, der einen gesellschaftlichen Mehrwert hat. Abgedroschen gesagt: der Menschheit dienen oder die Welt ein bisschen besser machen! Doch was an diesem Gedanken gefährlich sein kann, zeigt ein lesenswertes Meinungsstück von Ranga Yogeshwar mit dem Titel »Und was bringt's mir?« (»What's in it for me?«). Da reflektiert er über den »Wert« von Wissenschaft und warnt vor der Kommerzialisierung von Forschung oder einfacher gesagt vor der Frage: »Was bringt's?« Hier ein Ausschnitt:

»Wer [...] wissenschaftliche Neugier und den tiefen Drang, diese Welt besser zu verstehen, auf ökonomische Kategorien reduziert, der begeht einen Fehler. Denn nicht alles, was erforscht wird, passt in diese Denkart. Was ›bringt uns‹ zum Beispiel ein ›Sonderforschungsbereich 933‹, der neue interpretatorische Zugänge zu antiken und mittelalterlichen Texten entwickelt? Gefördert wird er mit 11,5 Millionen Euro. Gefördert wird von der DFG [Deutschen Forschungsgemeinschaft] auch ein Projekt rund um das Geburtshaus des altägyptischen Tempels von Edfu, wo die Hieroglyphen des Sanktuars, des Opfersaals und großer Teile des Vestibüls mit unserem Steuergeld übersetzt werden. Was bitte ist der Nutzwert dieser Forschung?
Die Übersetzung altägyptischer Hieroglyphen wird wohl nicht das Bruttosozialprodukt steigern und für eine florierende Wirtschaft sorgen. Aber ist diese Wissenschaft nicht dennoch großartig? Sie versucht das Puzzle einer einstigen Hochkultur zu lösen und erweitert unser Verständnis der Vergangenheit. Auch bei der Erforschung der Eigenschaften des Higgs-Bosons oder dem Nachweis von Gravitationswellen gibt es kein ökonomisches ›return on

investment‹, und selbst der wirtschaftliche Spin-off in diesen Disziplinen ist, wenn man genau hinschaut, kein gutes Argument. Seit Jahrzehnten beobachte ich eine Wissenschaftslandschaft, die ihre innere Triebfeder, nämlich Neugier und Erkenntnisgewinn, nach außen mit utilitaristischen Argumenten zu legitimieren sucht. […]
Ist es nicht an der Zeit, dass die Wissenschaft mit Selbstbewusstsein und Leidenschaft einen Kontrapunkt setzt zu der Eindimensionalität ökonomischer Perspektiven?«

Wenn Forschung der Menschheit dienen soll, ist das zunächst ein begrüßenswerter Gedanke. Doch unsere menschlichen Interessen sind nun einmal oft wirtschaftlicher und finanzieller Natur. Dieser Nutzen-Gedanke gefährdet die Unabhängigkeit der Forschung. Eine Unabhängigkeit, die essenziell ist in unserer Gesellschaft, eine Stimme, die Wahrhaftigkeit jenseits eigennütziger Interessen vertreten muss. Nur dann kann Wissenschaft die Welt wirklich ein bisschen besser machen, wie es so schön heißt.

Aber auch die Wissenschaftlerinnen und Wissenschaftler fragen sich: »What's in it for me?« Ranga beobachtet weiter:

»Bei Google DeepMind in London, zum Beispiel, beliefen sich die Personalkosten der insgesamt 400 Mitarbeiter im Jahr 2016 auf 138 Millionen Dollar, im Schnitt pro Mitarbeiter 345 000 US $. Die Konsequenz: Herausragende Wissenschaftler verlassen öffentliche Forschungsinstitute und Universitäten, um sich in den Dienst großer und gut zahlender Privatunternehmen zu begeben. Das ›What's in it for me?‹ trocknet so die Fachkompetenz unabhängiger, öffentlicher Institutionen aus, denn dort mangelt es zunehmend an guten Köpfen.«

Nur: Wenn das »What's in it for me?« in den »guten Köpfen« umschlägt in ein »Ich lass mich doch nicht ausbeuten« oder »Ich hätte gerne auch noch ein Privatleben« oder »Ich habe noch ein bisschen Selbstachtung« – dann ist es kein Wunder, dass immer mehr exzellente Leute der Wissenschaft den Universitäten den Rücken kehren und sich in der Industrie wenigstens gut bezahlen lassen.

Christine hat sich selbst ihren 35. Geburtstag als Stichtag gesetzt. Wenn sie bis dahin keine großen Chancen auf eine Professur sieht, steigt auch sie aus. Sie ist die jüngste Juniorprofessorin des Forschungsinstituts und bisher sehr erfolgreich. Ob sie aber in der Wissenschaft langfristig Fuß fassen wird, wird nur die Zeit zeigen.

Ihren Postdoc machte sie am *Massachusetts Institute of Technology* (kurz MIT) in Boston, dem »Harvard der Naturwissenschaften«. Sie wurde währenddessen von allen Seiten umworben. Sie wurde zu Vorstellungsgesprächen in der Chemischen Industrie nach Deutschland eingeflogen und hatte ein Angebot von McKinsey auf dem Tisch. Doch sie wollte in der Forschung bleiben und sprang letztendlich auf ihre jetzige Position als Juniorprofessorin an. Ich finde das gleichzeitig dumm und auszeichnungswürdig. Dumm, weil sie von dem System ausgebeutet wird. Auszeichnungswürdig, weil es Menschen wie sie braucht, um dieses System umzukrempeln, weil sie der Frage »What's in it for me?« widersteht. Und ich freue mich natürlich, dass sie wieder in Deutschland ist, und auch noch in meiner Nähe.

Christine ist meine engste Connection in die Labor- und Uniwelt. Manchmal stellt sie mir ihr Labor als Filmset für Sketche zur Verfügung. Und sie hat ausreichend schnelles Internet, das hat mir schon letztes Mal den Hintern gerettet. Ich ziehe mein Video also auf einen Stick und mache mich auf den Weg zum Institut.

Das Institut ist ein interdisziplinäres Forschungszentrum, wo die Grenzen zwischen Fachbereichen aufgebrochen werden sollen. Christine arbeitet zum Beispiel eng mit einem Ingenieur und einer Informatikerin zusammen. Heutzutage kommt man nicht mehr weit, wenn man es sich nur in seinem eigenen Fachgebiet gemütlich macht. Die großen Probleme der gegenwärtigen Welt sind fachübergreifend und müssen fachübergreifend gelöst werden. Grenzen zwischen Fachbereichen sind ohnehin recht willkürlich. Christine zum Beispiel ist in ihrer Forschung viel näher an der Physik als an manch anderem Bereich der Chemie. Während unserer Doktorarbeit waren unsere beiden chemischen Forschungsgebiete so weit auseinander, dass wir es nie schafften, ein gemeinsames Projekt auf die Beine zu stellen, obwohl das immer unser Traum war.

Ganz grob gibt es drei Hauptbereiche in der Chemie: die **Anorganische Chemie**, die **Organische Chemie** und die **Physikalische Chemie**. Natürlich gibt es noch weitere Gebiete, aber das sind die drei grundlegenden, die in jedem Chemiestudiengang ausführlich gelehrt werden.

Die **Physikalische Chemie** ist, wie der Name schon sagt, die Verbindung zwischen Physik und Chemie. Zu ihr gehören die Thermodynamik und die Quantenmechanik, aber zum Beispiel auch das, was Christine macht, nämlich das Voraussagen chemischer Reaktionen mithilfe von Computersimulationen.

Die **Organische Chemie** ist ein Bereich, der sich vor allem um ein einziges Element dreht: **Kohlenstoff** (C). Und allem, was sich gerne mit Kohlenstoff verbindet, wie etwa Wasserstoff (H), Sauerstoff (O), Stickstoff (N) oder Phosphor (P). Die Organik beschäftigt sich also »nur« mit allen Verbindungen und Reaktionen, die Kohlenstoff beinhalten. »Nur« steht in

Anführungszeichen, weil die Organische Chemie ein gewaltiges Gebiet ist. Denn alles Leben auf der Erde ist kohlenstoffbasiert. Wir sind aus Kohlenstoff aufgebaut. Dieses Buch ist aus Kohlenstoff aufgebaut. Jede chemische Strukturformel, die ihr in diesem Buch seht, basiert auf Kohlenstoff. Und man kann sogar davon ausgehen, dass außerirdisches Leben – sollte welches existieren – ebenfalls auf Kohlenstoff basieren muss, denn kein anderes Element hat so eine vielfältige Chemie.

Wenn ihr dieses Buch auf einem E-Reader oder Tablet lest, dann spielt die **Anorganische Chemie** ebenfalls eine große Rolle. An-Organik, wörtlich »Nicht-Organik«, beschäftigt sich mit allem, was *kein* Kohlenstoff ist. Das klingt nach viel, wenn man ins Periodensystem schaut, ist aber in der Natur auf den ersten Blick nicht allzu viel: vor allem Salze, Mineralien und Metalle. Manch ein Organiker behauptet abfällig, dass sich Anorganiker bloß mit Steinen beschäftigen. Aber Steine sind erstens gar nicht so langweilig, und zweitens kann die Anorganische Chemie viel mehr und ziemlich abgefahren sein. Sie ist unter anderem die Basis aller technischen Gadgets, das Smartphone etwa ist ein Meisterwerk der Anorganischen Chemie. Und mit ein bisschen Verständnis kann man zum Beispiel herausfinden, wie der Handyakku länger hält, und allein das ist doch einen tieferen Blick in die Chemie eines Handys wert, oder?

Unser Smartphone besteht aus über siebzig verschiedenen Elementen. Kohlenstoff gehört zwar auch dazu, aber es sind vor allem die Metalle, die das Handy so interessant machen. Zum Beispiel sind ein paar Hundert Milligramm Silber und rund 30 Milligramm Gold in der Mikroelektronik verbaut. Der Bildschirm ist durchzogen von einem hauchdünnen Netz aus Indiumzinnoxid-Fäden, welche die elektrische Leitfähigkeit unserer Finger erfassen und das »Touch« in den Screen bringen.

Aber was das Smartphone wirklich »smart« macht, ist eine besondere Gruppe von Edelmetallen, die sich **Seltene Erden** oder **Seltenerdmetalle** nennen. Im Periodensystem entdeckt ihr sie in den Nebengruppen, zu ihnen gehören Scandium (Sc), Yttrium (Y) und die ganze Reihe, die ihr unter dem Sammelbegriff **Lanthanoide** findet. Diese sind zusammen mit den Actinoiden in der Regel unter dem Periodensystem dargestellt, weil das Periodensystem ansonsten viel zu breit werden würde.

Auf den ersten Blick zeichnen sich die Seltenen Erden durch ziemlich spektakuläre Namen aus. Terbium (Tb), Praseodym (Pr), Yttrium (Y), Gadolinium (Gd) oder Europium (Eu) sorgen für die leuchtenden Displayfarben, die unsere Instagrambilder ins beste Licht rücken. Neodym (Nd) oder Dysprosium (Dy) machen aus normalen Magneten Supermagneten, die in Lautsprechern und Mikrofonen eingesetzt werden. Die beiden Seltenerden werden außerdem in der Technik des Vibrationsalarms verbaut.

In Energiesparlampen sorgen Seltene Erden für ein natürlicheres Licht und werden in grünen Technologien wie Solarzellen oder Windkraftanlagen angewendet. Diese Edelmetalle entfalten ihre Wirkung bereits in kleinsten Mengen, was ihnen den Spitznamen »Gewürzmetalle« einbringt. (Das ist sicher eine Beleidigung für Natrium, das ja ebenfalls ein Metall ist und als Bestandteil von Kochsalz ja wohl eher den Namen Gewürzmetall verdient hätte!)

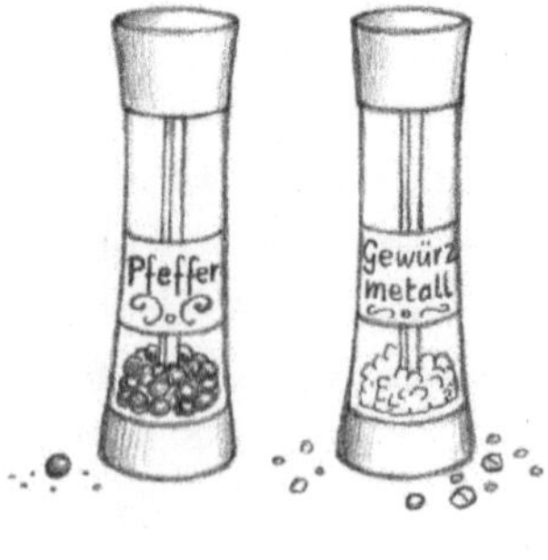

Trotz mancher nachhaltiger Anwendungsbereiche ist die Gewinnung der Seltenen Erden alles andere als nachhaltig. Die Metalle sind zwar gar nicht so selten, wie ihr Name vermuten lässt. Sie kommen sogar recht häufig in der Erdkruste vor, allerdings oft gut im Gestein verteilt. Die Förderung ist daher teuer, energiereich und findet nicht selten unter unfairen Arbeitsbedingungen statt. Die größten Vorkommen von Seltenerdmetallen liegen in China. Auf einige dieser Rohstoffe hat das Land quasi ein Monopol. Ein großer Wettbewerbsvorteil in einer Hightech-Zeit, in der ich meine Wohnung verlassen muss, sobald das WLAN ausfällt.

Je mehr Handys wir kaufen, desto teurer werden die Seltenerdmetalle. Dennoch locken Mobilfunkanbieter mit Verträgen, mit denen man sein Smartphone jährlich durch ein neueres Modell ersetzen kann. Wenn unsere Geräte nicht nachhaltiger genutzt und vernünftiger recycelt werden, haben wir bald ein Problem. Plastikmüll ist also nicht das einzige Nachhaltigkeitsproblem unserer modernen Gesellschaft. Natürlich werden die meisten Handys und Tablets bewusst so gebaut, dass man sie nur schwer selbst reparieren kann. Ein in die Tage gekommener Akku oder ein gesprungener Screen veranlasst viele, sich ein neues Gerät zu gönnen. (Natürlich könnte man das Gerät irgendwo einschicken, aber wie soll man schon länger als einen Tag ohne Smartphone auskommen?)

Dass Handyscreens so leicht kaputtgehen, ist übrigens keine gemeine Absicht der Hersteller. Eigentlich sind die Screens bemerkenswert robust und ein kleiner chemischer Geniestreich. Wir haben es hier nämlich nicht mit gewöhnlichem Glas zu tun, die meisten Geräte verwenden **Gorillaglas®**. Um dieses beeindruckend klingende Glas herzustellen, nimmt man sogenanntes **Alumosilikatglas**, bestehend aus Silizium-, Aluminium- und Sauerstoffatomen, die gemeinsam ein dreidimensionales Gerüst bilden. Dieses Gerüst ist negativ geladen, was durch positiv geladene Natrium-Ionen ausgeglichen wird, die in den Lücken des Gerüsts sitzen. Doch noch ist das kein »Gorillaglas«. Dazu muss man dieses Alumosilikatglas erst noch in eine heiße Salzlösung tauchen, in der positive **Kalium**-Ionen enthalten sind.

Kalium kennen wir von den Kaliumsalzen bei der Seifenherstellung. Schaut man in das Periodensystem, entdeckt man Kalium (K) direkt unter Natrium (Na). Es ist ebenfalls ein sogenanntes **Alkalimetall.** Genau wie Natrium liegt Kalium bevorzugt als positiv geladenes Ion vor (Stichwort Oktettregel), allerdings ist das Kalium-Ion ein gutes Stück größer als das Natrium-Ion.

Was heißt das nun für unser Gorillaglas? Taucht man Alumosilikatglas in eine heiße Kaliumsalzlösung, verdrängen die größeren Kalium-Ionen die Natrium-Ionen aus den Zwischenräumen des Silikatgerüsts und quetschen sich an ihrer Stelle hinein. Die hohe Temperatur und die allgemein größere Bewegung aller Teilchen erleichtert diesen ungemütlich klingenden Tausch. Kühlt man das Ganze wieder ab, bleibt ein Glas mit leicht veränderter chemischer Struktur zurück. In dieser Struktur sitzen ein bisschen zu dicke Kalium-Ionen in ein bisschen zu kleinen Lücken. Das sorgt für eine stärkere Kompression und ein robusteres Material: Gorillaglas.

Warum gehen dann trotzdem so viele Handyscreens kaputt? Na ja, normales Glas würde noch viel öfter kaputtgehen. Ob ein Handydisplay einen Sturz überlebt, hängt natürlich davon ab, wie stark das Glas erschüttert wird. Fällt das Handy ziemlich flach auf den Boden, hat man gute Chancen, dass nicht viel passiert, denn der Aufprall verteilt sich auf eine größere Fläche. Vom Luftdruck aus *Kapitel 5* wissen wir: Druck ist Kraft pro Fläche, und je kleiner die Aufprallfläche, desto größer der Druck. Fällt das Handy nur auf eine kleine Ecke des Displays, hat das besonders viel Wumms, und ein kaputter Screen ist fast schon unvermeidbar.

Aus demselben Grund sollte man sich übrigens im Falle eines Fahrstuhlabsturzes nach Möglichkeit flach auf den Boden legen, damit sich beim Aufprall die Kraft auf eine größere Fläche verteilt. Nur fällt man erst mal, ist es schwierig, sich noch hinzulegen, weil man sich quasi in einer künstlichen Schwerelosigkeit befindet. Um ganz sicher zu gehen, müsste man von vornherein liegend fahren, was zu seltsamen Situationen mit anderen Fahrstuhlnutzern führen könnte. Aber das nur nebenbei, denn Aufzüge sind so gut gesichert, die stürzen schon nicht ab.

Jedenfalls holt man sich am besten einfach eine schützende Handyhülle, auch wenn das schöne Smartphone dadurch klobig wird. Mein Display ist tatsächlich noch nie kaputtgegangen. Aber während ich im Bus zu Christine sitze, stelle ich fest, dass ich nicht mehr viel Akku habe, und schalte das Handy aus.

Akkulaufzeiten sind ein leidiges Thema, oder? Wisst ihr noch, was für eine Akkulaufzeit die Handys vor 15 Jahren hatten? Die musste man alle drei bis sechs Tage laden, je nachdem, wie viel *Snake* man gespielt hat. Heute bin ich froh, wenn ich ohne Nachladen durch den Tag komme. Aber sobald man versteht, wie ein Handyakku chemisch funktioniert, weiß man auch, wie man mit seinem Akku am besten umgehen sollte, um möglichst viel davon zu haben. Und hier kommen wir zur anderen Seite des »What's in it for me?« Immer wieder höre ich, dass man Naturwissenschaften später im Leben ja ohnehin nicht mehr braucht. Deshalb muss man in der Schule auch nicht aufpassen. Aber ich hoffe, ihr seht das spätestens jetzt anders.

Also: Es gibt verschiedene Arten von Batterien oder Akkus. Am relevantesten für den alltäglichen Gebrauch ist derzeit die sogenannte **Lithium-Ionen-Batterie** (oder Lithium-Ionen-Akku). Die verwendet auch Apple, auf deren Homepage steht: »*Im Vergleich zu traditionellen Batterien laden Lithium-Ionen-Batterien schneller, halten länger und haben eine höhere Leistungsdichte, für eine längere Lebensdauer bei weniger Gewicht.*« Es scheint also gute Gründe zu geben, warum Handys, Tablets, Laptops und übrigens auch Tesla-Autos mit Lithium-Ionen-Batterien laufen.

Kurzer Einschub zum Vokabular: Ich werde in diesem Kapitel nur über *aufladbare* Batterien reden, egal ob ich sie als Akku oder Batterie bezeichne. Manche unterscheiden hier: Batterien, auch Primärbatterien genannt, kann man nach der Benutzung nicht wieder aufladen. Akkus, auch Sekundärbatterien genannt, kann man wieder aufladen. Aber da Akkus nun einmal wiederaufladbare Batterien sind, sind sie eben auch Batterien und können auch als solche bezeichnet werden.

Eine Batterie versorgt ein Gerät mit Strom, also mit einem Fluss von Elektronen. Sie ist also ein tragbarer Elektronenspender. Eine Batterie ist nach diesem Prinzip aufgebaut:

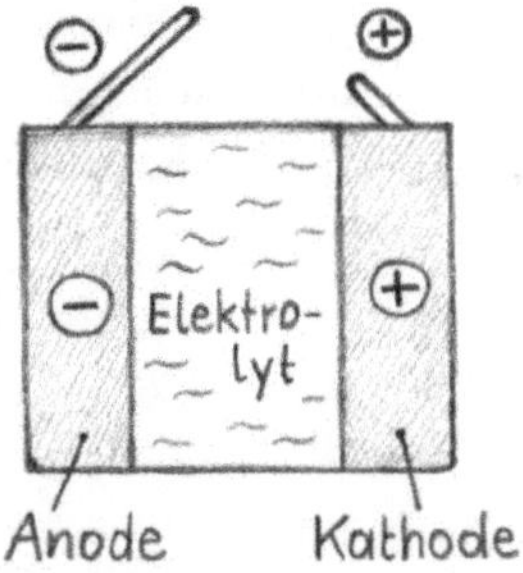

Grundprinzip jeder Batterie

Die wichtigsten Bauteile sind die sogenannten **Elektroden,** eine am Pluspol und eine zweite am Minuspol. Die positiv geladene Elektrode heißt **Kathode,** die negativ geladene Elektrode heißt **Anode.** Wir können uns vorstellen, dass diese beiden Pole durch ein leitfähiges Kabel verbunden sind, welches durch das Handy läuft und die Bauteile mit Strom versorgt. Die Elektronen laufen also von der Anode zur Kathode durch das Handy. Innerhalb der Batterie sind die beiden Elektroden aber ebenfalls verbunden, und zwar über einen sogenannten **Elektrolyten.** Ein Elektrolyt ist eine Sammelbezeichnung für Flüssigkeiten oder Feststoffe, die elektrische Ladungen leiten können. Allerdings leiten Elektrolyte keine Elektronen, sondern Ionen, positive wie negative. Übrigens bestehen auch wir zum großen Teil aus Elektrolyt, nämlich aus Wasser mit allerhand geladenen Ionen.

Das Grundrezept einer Batterie ist also: Kathode, Anode und Elektrolyt. Welche chemischen Stoffe nun genau für diese drei Bauteile verwendet werden, bestimmt die Art der Batterie.

Bei einer Lithium-Ionen-Batterie besteht die Kathode oft aus einer Verbindung aus Lithium, Sauerstoff und einem weiteren Metall, zum Beispiel Cobalt. Das wäre dann **Lithiumcobaltoxid.** Cobalt- und Sauerstoffatome bilden Schichten, zwischen denen Lithium-Ionen eingebettet sitzen.

Die Anode besteht meist aus **Graphit** (die empfohlene Schreibweise laut Duden ist **Grafit,** aber ich weigere mich, das sieht komisch aus), sprich aus Kohlenstoff. Graphit ist ebenfalls schichtartig aufgebaut.

Wenn ich jetzt mein Handy an das Ladekabel schließe, lege ich von außen eine umgekehrte Spannung auf die Batterie. Nun passiert etwas Verwirrendes, zumindest sprachlich. Denn gerade erst haben wir zwei neue Begriffe, Anode und Kathode, gelernt – und schon müssen wir sie tauschen. Beim Ladevorgang nennt man die positive Elektrode aus Lithiumcobaltoxid Anode, und die negative Elektrode aus Graphit bezeichnen wir als Kathode. Genau andersrum als beim Entladen. Warum machen es sich Chemiker sprachlich so kompliziert? Das hat etwas mit den chemischen Reaktionen zu tun, die sich nun in diesen Elektroden abspielen. Darauf kommen wir gleich noch einmal zurück, aber bis dahin ist es wahrscheinlich einfacher, nur von Plus- und Minuspol zu sprechen.

Wenn ich mein Handy lade, wird nun der Minuspol mit Elektronen beladen, die in das Graphitmaterial wandern. Durch das Beladen mit Elektronen entsteht ein Überschuss an negativer Ladung. Das macht das Laden prinzipiell schwierig. Denn gleiche Ladungen stoßen sich gegenseitig ab, sprich negativ und negativ stößt sich ab, genauso wie positiv und positiv. So ohne Weiteres schafft man es deshalb gar nicht, die Elektrode mit negativ geladenen Elektronen vollzupumpen. Aber entgegengesetzte Ladungen heben sich gegenseitig auf – und hier kommen nun die positiv geladenen Lithium-Ionen ins Spiel, die der Lithium-Ionen-Batterie ihren Namen geben. Sie stehlen sich vom Pluspol weg, aus der Lithiumcobaltoxid-Elektrode, wandern durch den Elektrolyten hin zur Graphit-Elektrode und nehmen dort am Minus-

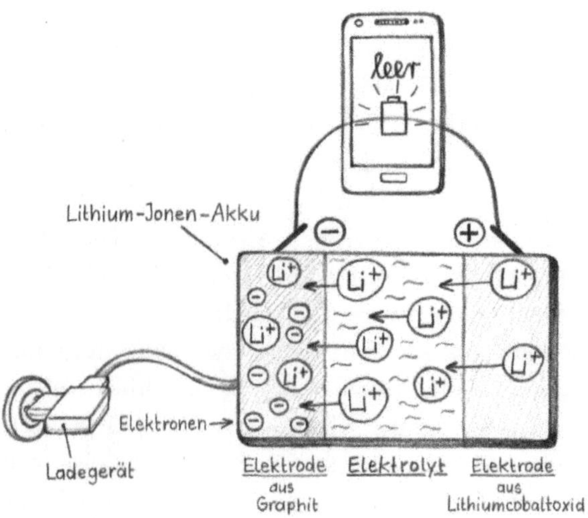

pol die negativen Elektronen in Empfang. Dieser **Ladungsausgleich** ermöglicht eine satte Beladung mit Elektronen.

Nun sitzen die Elektronen nicht einfach so in der Gegend herum, sondern werden chemisch herzlich aufgenommen. Für die Chemiker unter euch – so sieht die Reaktionsgleichung aus: $C_n + xLi^+ + xe^-$ wird zu Li_xC_n. Aber keine Sorge, Nichtchemiker brauchen sich eigentlich nur für einen bestimmten Teil dieser Gleichung zu interessieren, nämlich das »+ xe^-«. Das »x« steht einfach für eine x-beliebige Anzahl, und das »e^-« steht für ein Elektron. Das bedeutet, in dieser chemischen Reaktion werden Elektronen aufgenommen. Das nennt man Reduktion. **Von Reduktion spricht man immer, wenn Elektronen von einem Element, einem Ion oder einer chemischen Verbindung aufgenommen werden.**

Da ich nun meinen Minuspol mit Elektronen vollgetankt habe, der Pluspol aber keine Elektronen beherbergt, baue ich dadurch eine elektrische Spannung zwischen beiden Polen auf. Stellen wir uns die elektrische Spannung hier vor wie ein Gefälle von Elektronen, also in etwa wie eine Staustufe in einem Fluss. Den Minuspol mit Elektronen zu beladen ist, wie Wasser von unten nach oben zu schöpfen. Öffne ich nun die Schleuse, donnert das Wasser wie ein Wasserfall hinab. Und genau das passiert, sobald ich das Ladekabel entferne. Beim Benutzen des Handys kehrt sich die chemische Reaktion um: Die aufgenommenen Elektronen werden wieder abgegeben. Sie sausen nun – als elektrischer Strom – durch unser Handy. Dieses Gegenstück zur Reduktion nennt sich Oxidation. **Eine Oxidation ist also eine chemische Reaktion, bei der Elektronen abgegeben werden.**

Während die abgegebenen Elektronen nun das Handy befeuern, wandern die Lithium-Ionen wieder zurück, und zwar auf dem ihnen bekannten Weg durch den Elektrolyten. Auf der anderen Seite, am Pluspol, treffen die Elektronen und

Lithium-Ionen wieder aufeinander. Wenn alle Elektronen wieder auf der anderen Seite angekommen sind, ist die Batterie leer – und dann kann alles wieder von vorne beginnen!

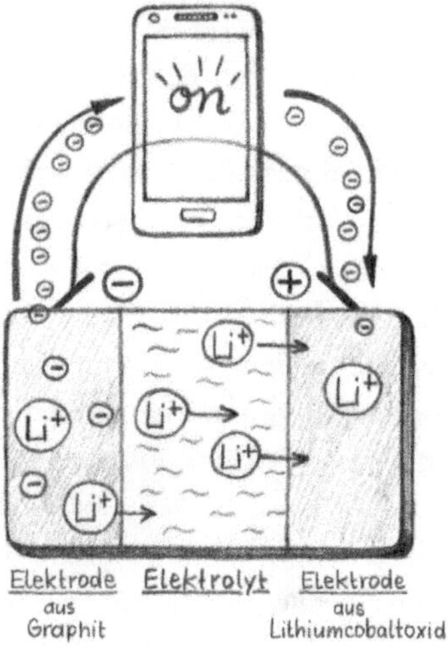

Da die Lithium-Ionen zwischen den beiden Elektroden mit jedem Laden und Entladen immer hin- und herwandern – man könnte auch sagen, sie schaukeln hin und her –, nennt man das Ganze auch Schaukelstuhl-Prinzip.

Kommen wir nun zurück zu unserer sprachlichen Verwirrung mit »Kathode« und »Anode«. Bei einer Batterie, die ich nicht aufladen kann, entspricht die Kathode immer dem Pluspol, die Anode immer dem Minuspol. Bei aufladbaren Batterien allerdings stimmt das nur zur Hälfte, denn gerade haben wir gesehen, dass Laden und Entladen zwei entgegengesetzte chemische Prozesse sind. Deswegen muss man hier Kathode und Anode anders definieren: **Die Anode ist die Elektrode,**

an der die Oxidation stattfindet. Entsprechend ist die Kathode die Elektrode, an der die Reduktion stattfindet.

Beim Laden des Handys findet am Minuspol eine Reduktion, am Pluspol eine Oxidation statt, beim Entladen genau andersrum. Oxidation und Reduktion laufen also immer parallel und niemals alleine ab, es ist immer ein Geben (Oxidation) und Nehmen (Reduktion) von Elektronen. Deshalb fasst man sie auch sprachlich zusammen: **Redox-Reaktionen.** Und damit habt ihr die Einführung in die Redoxchemie gemeistert – herzlichen Glückwunsch!

Jetzt hört man ja immer wieder, dass man sein Handy möglichst leerlaufen lassen sollte, bevor man es auflädt, und dass man aufpassen muss, die Akkus nicht zu lange zu laden. Das stimmt für Nickelbatterien, also solche, die zum Beispiel in der TV-Fernbedienung stecken, oder für die alten Bleiakkus. Aber moderne Lithium-Ionen-Batterien kann man so lange am Ladegerät lassen, wie man möchte, denn neuere Batterien sind so gebaut, dass das Aufladen automatisch stoppt, wenn der Akku geladen ist. Andernfalls würde ein Smartphone ziemlich gefährlich werden. Wurde es sogar, zum Beispiel als 2016 das *Samsung Galaxy Note 7* dem ein oder anderen Besitzer spontan explodierte. Innerhalb der Batterie sind die buchstäblich energiegeladenen Materialien sicher von der Außenwelt und möglichen Reaktionspartnern abgeschirmt. Doch bei extremer Erhitzung, Beschädigung des Akkugehäuses oder bei Baufehlern, die zum Überladen führen, wird es ungemütlich. In Kombination mit entzündbaren Lösungsmitteln, die Bestandteil des Elektrolyten sind, ist die Minibombe perfekt.

Dem Mitentwickler der Lithium-Ionen-Batterie, John Goodenough, sind die aktuellen Modelle noch nicht »good enough«, er arbeitet gerade an einer noch sichereren Variante.

Der Clou soll ein fester, glasartiger Elektrolyt sein. Aber keine Sorge, wir müssen nicht verängstigt darauf warten, bis diese Batterie oder andere Modelle auf den Markt kommen. Das explodierende Samsung-Modell ging auf einen Produktionsfehler zurück, der sich hoffentlich so schnell nicht wiederholen wird. Aber hui, man stelle sich mal die riesige explodierende Lithium-Ionen-Batterie eines Tesla vor …

Hitze ist trotzdem nicht gut, unter anderem deshalb nicht, weil chemische Reaktionen unter höheren Temperaturen schneller ablaufen können. Eine Überhitzung des Handys führt daher zu einer schnelleren Entladung. Auch die Gesamtlebensdauer eines Handy- oder Laptopakkus verlängert sich, wenn man ihn kühl hält. Außerdem hat man am besten immer ein Ladekabel dabei. Denn Lithium-Ionen-Batterien leben am längsten, wenn man sie so oft wie möglich in einem weitgehend geladenen Zustand hält. Mit jeder Entladung kommt es zu ein wenig Verschleiß der Materialien, und die Akkus verlieren an Leistung. Je voller der Akku ist, bevor man ihn wieder lädt, desto länger hält die Batterie. Also: den Laptop möglichst immer am Netzteil lassen und das Handy so oft wie möglich laden. Und wenn man unterwegs ist und kaum noch Akku hat, lieber das Handy ausschalten, anstatt es leerlaufen zu lassen.

Deswegen hatte ich auch gerade mein Handy ausgeschaltet, nur war das nicht so schlau, denn jetzt brauche ich es schon wieder.

»Ich bin da«, schreibe ich Christine.

»Seite«, antwortet sie.

Meistens lässt mich Christine über den Seiteneingang ins Institut, denn Herr Lässig hat mich im Visier. Herr Lässig ist der Sicherheitsbeauftragte des Instituts, ist also verantwortlich für die Laborsicherheit, und sein Name ist *nicht* Programm. Heute würde er mich besonders scharf ansehen, weil ich Sandalen und eine kurze Hose anhabe. Und zwar nicht, weil er ein ekliger Typ ist, der zum Beispiel junge Frauen im ICE-Bordbistro angräbt, sondern weil man die Labore aus Sicherheitsgründen nur mit geschlossenen Schuhen und langen Hosen betreten darf. Natürlich darf ich in den Laboren auch nichts anfassen, selbst nicht als ausgebildete Chemikerin. Das dürfen nur Institutsmitarbeiter, die ein entsprechendes Sicherheitstraining bei Herrn Lässig absolviert haben.

Da Christine auch an Wochenenden arbeitet, kann ich ihr Labor manchmal als Filmset missbrauchen. Zum Beispiel kann man flüssigen Stickstoff auf den Boden schütten und einen Moonwalk durch den Nebel machen, das ist super Bildmaterial. (Mit geschlossenen Schuhen und langer Hose natürlich.) Herr Lässig schaut zum Glück kein YouTube.

Unbemerkt von Herrn Lässig schlüpfe ich durch den Seiteneingang und steuere wie gewohnt auf Christines Büro zu. Doch sie zupft mich am Ärmel und sagt: »Nein, der Dino.«

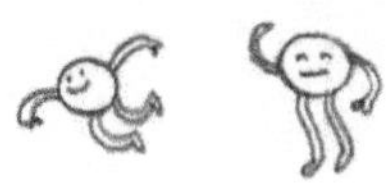

KAPITEL 7

Babydinos und Monsterburger

Statt in ihr Büro bugsiert mich Christine in die Cafeteria. So wie die meisten Räumlichkeiten des Instituts ist die Cafeteria ein moderner, gläserner Kasten. Das sieht zwar schick aus, aber man fühlt sich permanent beobachtet. Deswegen ist die Cafeteria wahrscheinlich gerade auch fast leer, schließlich will sich niemand beim Faulenzen erwischen lassen. Aber Christine kann sich einen Kaffee im Glaskasten leisten, sie ist für ihre harte Arbeit hier schon bekannt.

Auch in die großen Labore kann man von allen Seiten reingucken. Wenn Kollegen von der Presse da sind, freuen die sich bestimmt, dass es so viele Glasscheiben gibt, die man für ein schönes Foto mit Formeln bemalen kann. Die Mitarbeiter müssen sich permanent beobachtet fühlen. Immer, wenn ich hier bin und die weißen Kittel hinter den Glasscheiben sehe, erinnert mich das an Laborratten. Der Institutsleiter Prof. Dr. Dr. hc. Karl Kaussen, allgemein bekannt als »King K«, ist sehr stolz auf die vielen Glasscheiben. Letztes Jahr durfte ich zusammen mit ein paar Kollegen von Lokal- und Unipresse einer exklusiven Tour durch die »Räume der Innovation« beiwohnen.

»Toll, wie viel Tageslicht hier reinkommt, nicht? Wissen Sie, Tageslicht regt die Ausschüttung des Glückshormons Serotonin an. Deswegen sind unsere Mitarbeiter auch immer so gut drauf!«, sagte King K, während er uns durch die hellen Labore führte. Die emsigen Doktoranden nickten und lächelten brav – und erinnerten mich zum ersten Mal an Laborratten. King K ist ein charismatischer Mann, doch von Christine wusste ich bereits, dass hinter der pressetauglichen Fassade ein waschechter Tyrann steckt. Deswegen bemerkte ich auch die blanke Angst, welche hinter den lächelnden Gesichtern hervorblitzte. King K ruft durch seine bloße Anwesenheit bei Doktoranden eine Fight-or-Flight-Reaktion hervor (vor allem Flight …).

Das mit dem »Glückshormon« **Serotonin** und der guten Laune kann man übrigens auch nicht so einfach sagen. Serotonin ist ein Hormon, und wie die meisten Hormone hat das Molekül im Körper viele verschiedene Wirkungen, die wiederum mit einer Bandbreite komplexer chemischer Reaktionsketten verknüpft sind. Das möchte ich hier noch einmal betonen. Ich möchte nicht, dass ihr beim Lesen dieses Buches den Eindruck bekommt, man könne die Wirkung eines Hormons auf eine Sache beschränken, wie etwa das »Schlafhormon« Melatonin oder das »Stresshormon« Cortisol. Serotonin hat neben vielen anderen Funktionen Einfluss auf unsere Stimmung, seit Jahrzehnten wird Serotonin deshalb in Zusammenhang mit Depressionen gebracht.

Es ist naheliegend, Ursachen für psychische Erkrankungen auch in der Neurochemie zu suchen. In der Psychologie gibt es das Credo *»Everything psychological is simultaneously biological«* – »Alles Psychologische ist gleichzeitig auch biologisch«. (Und ich bin so frech und sage: Alles Biologische ist gleichzeitig auch chemisch … nur heißt das leider nicht, dass wir die ganze Chemie unseres Körpers genau nachvollziehen können.) Die Neuronen, also die Nervenzellen unseres Gehirns, kommunizieren über das Hin- und Herschicken von Molekülen. Nervenzellen sind über Kontaktstellen namens **Synapsen** verknüpft. Sie sind aber nicht wirklich physikalisch in Kontakt, zwischen ihnen liegt ein winziger Spalt, der sogenannte synaptische Spalt. Über diesen Spalt werden Neurotransmitter-Moleküle von einer Nervenzelle zur anderen geschossen und parken auf der anderen Seite in sogenannte **Rezeptoren** ein. Man kann sich Rezeptoren tatsächlich vorstellen wie einen Parkplatz, und zwar einen reservierten, wo nur bestimmte Moleküle andocken können. Dieses Andocken am Rezeptor führt dann entweder zu einer Aktivierung oder einer Hemmung des Signals.

Neurotransmitter haben also dieselbe Aufgabe wie **Hormone** – sie sind Botenstoffe. Ob man ein Molekül nun als Neurotransmitter oder Hormon bezeichnet, hängt davon ab, wo dieses Molekül im Körper genau ausgeschüttet wird. Wird es an den Synapsen ausgeschüttet, spricht man von einem Neurotransmitter. Wird es in einer Drüse produziert, zum Beispiel in der Zirbeldrüse oder den Nebennieren, dann spricht man von einem Hormon. Serotonin kann sowohl ein Hormon als auch ein Neurotransmitter sein.

In den Siebzigern kam der Verdacht auf, dass ein tiefer Serotoninspiegel eine mögliche Ursache für Depressionen sein könnte. Man konnte nachweisen, dass ein erhöhter Serotoninspiegel im Gehirn gegen Depressionen hilft. Deswegen machte lange Zeit eine ziemlich einfache Erklärung die Runde: Eine Depression wird durch ein chemisches Ungleichgewicht im Gehirn ausgelöst. Und durch Medikamente, die zum Beispiel das Serotoninlevel erhöhen, kann man Depressionen bekämpfen. Doch kann man die Ursachen für eine psychische Erkrankung wie Depression nicht auf den Mangel eines kleinen Moleküls beschränken, das wäre zu simpel gedacht. Nur weil Serotonin gegen eine Depression hilft, heißt das ja noch lange nicht, dass Serotoninmangel auch die Ursache für eine Depression ist. Nur weil Aspirin gegen Kopfschmerzen hilft, werden diese nicht durch Aspirinmangel ausgelöst. Und trotzdem – in der Praxis helfen Antidepressiva, die Serotonin boosten, vielen Menschen, die unter Depression leiden. Gibt es da einen Placebo-Effekt? Bekämpft man nur Symptome oder auch Ursachen? Der komplexe Zusammenhang zwischen Serotonin und Depression ist immer noch umstritten. Aber so ist das nun einmal mit der Wissenschaft. Wer selbst mal ein paar Jahre in der Forschung arbeitet, durchläuft mit großer Wahrscheinlichkeit auch einen Prozess der Ernüchterung. Wissenschaft und Technik haben uns zwar bereits weit gebracht, aber die Suche nach neuen Erkenntnissen ist eine Teufelsarbeit. Ergebnisse widersprechen sich oder lassen sich nicht reproduzieren. Es ist nicht immer alles klar und logisch in der Wissenschaft.

Es gibt ein schönes Gleichnis, das Wissenschaft und Forschung oft ganz gut beschreibt, nämlich das Gleichnis der blinden Männer und des Elefanten: Eine Gruppe von blinden Männern untersucht einen Elefanten, ein ihnen unbekanntes Tier. Nur durch Tasten können sie sich ein Bild von dem Wesen machen. Doch jeder ertastet nur einen Teil des Elefanten. Der eine fühlt spitze Stoßzähne, der andere den langen Rüssel, der nächste die großen Ohren und so weiter. Als sie sich austauschen, merken sie, dass jeder von ihnen eine völlig andere Vorstellung von diesem Tier hat. Der eine ist sich sicher, der Elefant sei ein knöchernes, spitzes Wesen, der andere hat nichts dergleichen feststellen können. Ähnliches widerfährt uns Wissenschaftlern oft auch in der Forschung, vor allem wenn der Elefant ein so komplexes Thema wie

Depression ist. Um der Realität nahezukommen, muss man erst dazu in der Lage sein, den Elefanten als Ganzes zu erfassen, indem man alle Beobachtungen, auch diejenigen, die sich zunächst widersprechen, sinnvoll zu einem Bild zusammenfügt. Und selbst dann haben wir den Elefanten nur durch Tasten erschlossen. Wir sind nach wie vor blind.

Wenn ich mit Freunden über solche Themen rede, fragen sie mich: »Willst du mich für Wissenschaft begeistern oder abschrecken?« Na ja, bleiben wir beim Gleichnis der blinden Männer und des Elefanten – ohne Wissenschaft wären wir nicht nur blind, sondern könnten noch nicht einmal etwas ertasten.

Verlassen wir nun aber mal die Dunkelheit des Gleichnisses und widmen wir uns gut untersuchter Hirnchemie. Christine und ich sitzen in der Cafeteria und versorgen unser Gehirn mit **Koffein.** Unser Gehirn besitzt nämlich nicht nur Rezeptoren für Neurotransmitter, sondern zum Beispiel auch für Koffein. Allerdings nur aus Versehen, denn Koffein sieht einem anderen körpereigenen Molekül verwirrend ähnlich: dem **Adenosin.**

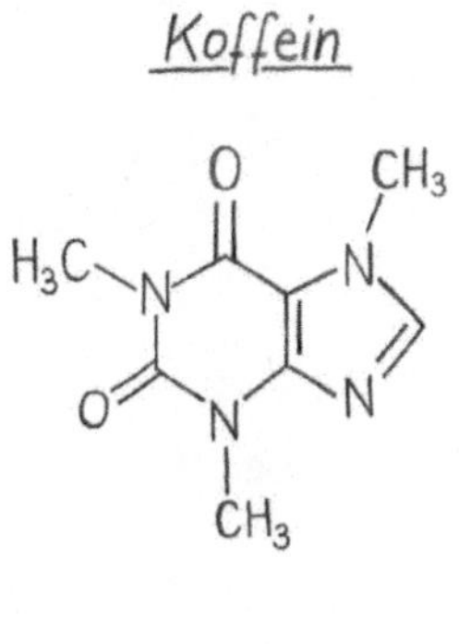

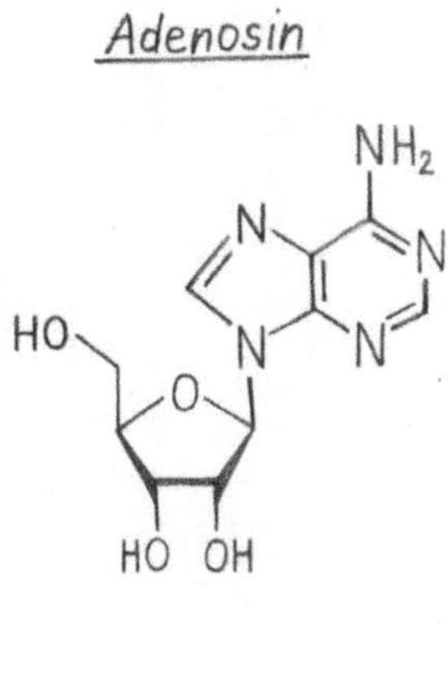

Na ja, die chemischen Strukturen sehen für uns jetzt nicht unbedingt besonders ähnlich aus, für den Adenosinrezeptor im Gehirn aber schon. Genauer gesagt geht es nämlich gar nicht um das Aussehen, sondern darum, wie gut ein Molekül in einen Rezeptor hineinpasst. Die Adenosinparklücke ist so gebaut, dass Adenosin da perfekt reinpasst – Koffein zufälligerweise aber auch.

Adenosin hat normalerweise die Aufgabe, uns Bescheid zu sagen, wenn wir müde werden. Je mehr Adenosinmoleküle an Adenosinrezeptoren andocken, desto müder fühlen wir uns. Woher kommt das Adenosin? Sinnigerweise ist seine Entstehung an unseren Energieverbrauch gekoppelt. Je mehr Energie wir verbrauchen, desto mehr Adenosin entsteht. Wann immer unser Körper Energie aufbringt, sei es beim Sport oder einfach nur beim Denken oder Atmen, braucht er ein Molekül namens **Adenosintriphosphat,** beim Sport mehr, beim Atmen weniger.

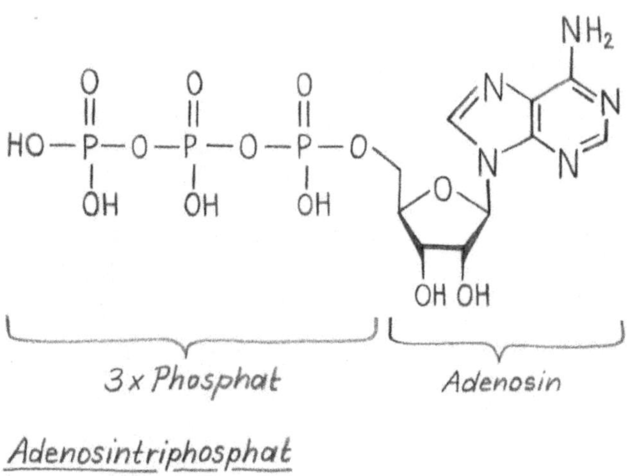

Adenosintriphosphat ist die Energieeinheit unseres Körpers und wird mit ATP abgekürzt. Ich finde den ausgeschriebenen Namen hier aber aufschlussreicher, denn so sieht man sogar sprachlich, dass Adenosin-Tri-Phosphat bei Verlust seiner drei Phosphate nur noch Adenosin ist. So kann man sich merken: Je mehr ATP-Moleküle wir verbrauchen, desto mehr Adenosin entsteht. (Ein Biologe würde hier etwas anderes sagen, aber man muss die Dinge nicht unnötig kompliziert machen.) Und je mehr Adenosin unsere Rezeptoren blockiert, desto müder werden wir.

Es sei denn – KAFFEE! Wenn wir Koffein zu uns nehmen, dauert es etwa eine Viertelstunde, bis die Koffeinmoleküle bei den Adenosinrezeptoren angekommen sind und da andocken. Sie können sogar Adenosinmoleküle, die da bereits sitzen, rausschmeißen und verdrängen. Der Parkplatz ist nun durch Koffein blockiert, aber der Rezeptor bemerkt es nicht. Er »sieht« kein Adenosin und denkt, er sei frei – und wir denken, wir sind wach!

Trotz Kaffee ist Christine ein bisschen niedergeschlagen, weil sie gerade erfahren hat, dass ihr »Paper rejected« wurde, wie man so schön sagt. »The only difference between screwing around and science is writing it down«, sagt Adam Savage von *Myth Busters,* und er hat recht. Ein Experiment ist keine Wissenschaft, solange man es nicht ordentlich dokumentiert und anschließend auswertet. Und sobald diese Untersuchungen zu einer neuen Erkenntnis führen, kann man das Ganze als »Paper« veröffentlichen.

Doch hinter diesem kurzen Wort steht ein langer und nicht selten frustrierender Prozess, der fast schon eine Wissenschaft für sich ist. Nachdem man seine Ergebnisse gesammelt und sinnvoll zu Papier gebracht hat, kann man dieses Paper bei einem wissenschaftlichen Journal einreichen. Der

Redakteur des Journals wählt dann Gutachter, sogenannte *Reviewer* aus, meist Professoren anderer Universitäten, die auf demselben Fachgebiet arbeiten und im Begutachtungsprozess für den Autor anonym bleiben. Sie lesen und beurteilen das Manuskript und entscheiden, ob es einer Veröffentlichung im entsprechenden Journal würdig ist. Vorher muss man es ihren Anmerkungen entsprechend überarbeiten, oft auch Daten oder Experimente nachliefern. Diese Begutachtung durch Kollegen *(Peers)* nennt man **Peer Review**; sie soll die Qualität wissenschaftlicher Veröffentlichungen sichern.

Ein Paper kann durchaus bei mehreren Journalen abgelehnt werden, bevor man es – nach sorgfältiger Überarbeitung – irgendwo veröffentlichen darf. So kommt es zum Beispiel vor, dass Reviewer 1 die Arbeit klasse findet, Reviewer 2 aber gar nicht überzeugt ist. Und das ist gerade bei Christine passiert. Sie zeigt mir die Kommentare von Reviewer 2:

»Lies dir das bitte mal durch. Dieser Typ hat den gesamten Abschnitt offensichtlich nicht verstanden.«

»Oder diese Frau!«, ergänze ich mahnend.

»Was auch immer, dieser Mensch hat es nicht verstanden.«

»Aber das ist doch gut«, sage ich. »Dann musst du vielleicht nur den Text noch mal überarbeiten.«

Selbst bei einem wissenschaftlichen Paper besteht die Gefahr der »Expertenfalle«. Als Expertin verliert man leicht ein Gefühl dafür, welches Wissen man voraussetzen kann, wenn man über seine Arbeit spricht, und das nicht nur, wenn man einem Laien auf einer Party Chemie erklären muss. Wissenschaftler neigen dazu, sich auch untereinander zu kompliziert auszudrücken – ohne es zu merken. Verstärkt wird das dadurch, dass Menschen es sich häufig nicht anmerken lassen, wenn sie etwas nicht verstehen. Es besteht ja die Gefahr, dass man der einzige Dumme ist, der das nicht verstanden hat, und das wäre peinlich. Als Akademiker darf man so eine

Schmach natürlich erst recht nicht zulassen. Als ich am Anfang meiner Doktorarbeit in Vorträgen anderer Doktoranden saß, war ich davon überzeugt, dass ich unglaublich dumm sein muss, weil ich fast nichts verstand. Alle anderen schienen schließlich auch keine Fragen zu haben. Aber bald merkte ich, dass es den meisten so ging wie mir. Und heute weiß ich, dass in der Regel nur die Vorträge unverständlich gehalten wurden.

Mit einem unverständlichen Vortrag verschwendet man bloß die Zeit des Publikums, mit einem unverständlich geschriebenen Paper schießt man sich allerdings selbst ins Bein. Am besten zieht man immer jemand anderen hinzu, um die Verständlichkeit zu testen. Denn man selbst verliert irgendwann das Gefühl dafür, was einfach nachvollziehbar ist und was nicht.

»Kannst du noch mal über das Paper drüberschauen?«, fragt mich Christine.

»Klar«, sage ich. Verständliche Wissenschaft ist ja inzwischen mein Fachgebiet.

Normalerweise sitzen wir bei Christine im Büro. Im Gegensatz zu den meisten anderen »Räumen der Innovation« ist ihr Büro nur halb-gläsern. Da hatten wir bei meinen bisherigen Besuchen etwas Privatsphäre, aber seit Kurzem muss sich Christine ihr Büro teilen – mit dem Dino. Der Dino heißt eigentlich Torben und ist Postdoc bei King K. Er sieht ein bisschen aus wie ein Oviraptor, weswegen wir ihn auch heimlich, aber liebevoll Dino nennen. Er ist seltsam knochig und bewegt sich leicht gekrümmt und nach vorne geneigt fort. Ich dachte erst, dass der Vergleich mit einem Oviraptor nicht gerade passend ist, da Oviraptoren dreiste und hinterlistige Dinos waren, die Eier anderer Dinos raubten. Torben würde so etwas nie tun. Christine klärte mich aber auf, dass die

Bezeichnung »Eierdieb«, was Oviraptor übersetzt heißt, auf einen Irrtum zurückgeht. Man fand ein Oviraptor-Skelett über einem Eiernest und schloss daraus fälschlicherweise, dass der Oviraptor gerade am Eiermopsen war. Später stellte sich heraus, es waren seine eigenen Eier. Eigentlich naheliegend. So waren Oviraptoren vielleicht doch ganz liebe Dinos. So wie Torben.

Torben ist eine besonders harte Art von Nerd, und das sage ich nicht nur so dahin. Ihr habt schon gemerkt, dass ich selbst ein ziemlich harter Nerd bin. Mir fällt es schwer, die Welt nicht durch eine naturwissenschaftliche Brille zu sehen. Nur wenn ich muss, kann ich mich in die traurige Welt eines Nicht-Naturwissenschaftlers hineinversetzen und mich recht unauffällig mit ihm unterhalten. Torben ist vor allem schüchtern, an der Grenze zur Angststörung, und das meine ich nicht ironisch-übertrieben. *Social Anxiety* oder Soziale Phobie ist eine anerkannte Angststörung laut DSM-V (der aktuellen Ausgabe des *Diagnostic and Statistical Manual of Mental Disorders*). Aber ich will jetzt nicht so tun, als wäre ich dazu in der Lage, psychologische Diagnosen zu stellen, geschweige denn Ferndiagnosen. Ich habe den Dino erst einmal getroffen, und das meiste über ihn weiß ich nur durch Christines Erzählungen. Als ich das letzte Mal hier war, war er neu am Institut. Wir saßen in Christines Büro, am Schreibtisch gegenüber der Dino, der so aussah, als wollte er lieber irgendwo anders sitzen. Ich hatte Apfelringe dabei (getrocknete Apfelringe aus echten Äpfeln, nicht die von Haribo) und bot dem Dino welche an. Er schien zunächst überhaupt nicht zu reagieren, aber ein geschultes Nerdauge konnte erkennen, dass er mein Angebot wahrgenommen hatte und angestrengt darüber nachdachte. Der Schlüssel bei solchen Situationen, für die es im Englischen das wunderbare Wort *awkward* gibt, ist es, sich die Awkwardness nicht anmerken zu lassen. Bei längeren Gesprächspausen nicht anfangen, nervös zu lachen, sondern ganz entspannt bleiben und einfach mal abwarten, was von der anderen Seite noch so kommt. (Auch hier hilft: Sei wie ein Edelgas!) Denn wenn man genauer drüber nachdenkt, haben viele gesellschaftliche Konventionen für zwischenmenschliches Verhalten keinen logischen Zweck. Aber manche Nerds können eben nur logisch denken. Deshalb stecken sie in einer Blase fest, in der sie sich unbeholfen durch die Welt von Small Talks und anderen gesellschaftlichen Konventionen bewegen. Oft werden sie nach wenigen ersten Interaktionen für immer als Freaks abgestempelt. Aber wenn man offen bleibt, ist es manchmal nur eine Frage der Zeit, bis die Blase platzt, das haben Christine und ich schon oft erlebt. Und hinter den stillsten Dinos verbergen sich manchmal die coolsten Typen.

Also hielt ich Torben die Packung Apfelringe so lange hin, bis er einen rausnahm. Christine, die ihn schon ein bisschen unter ihre Fittiche genommen hatte, sagte scherzend: »Oder ist dir das zu gesund?«

Der Dino antwortete in einem unaufgeregten Ton, während er den Apfelring immer noch pflichtbewusst in der Hand hielt: »Ich habe eine starke Apfelallergie.«

»Wie geht's dem Dino?«, frage ich.

»Ich bin jetzt Mama«, sagt Christine seufzend. »Weißt du, wie Entenbabys nach dem Schlüpfen das erste sich bewegende Objekt als ihre Mama annehmen und ihr von da an überall hinfolgen? Der Dino ist mein Entenbaby, und ich bin seine Mama.«

»Dinobaby«, sage ich und frage mich, ob das bei Dinobabys auch so war. Der naheste noch lebende Verwandte zum T-Rex ist schließlich das Huhn.

»Es ist jetzt halb drei, die Mensa macht gleich zu, und er hat noch nichts gegessen, nur weil ich noch nicht essen war.«

»Wow.«

»Ja. Stell dich schon mal darauf ein, dass es mich ab jetzt nur noch im Dino-Doppelpack gibt.«

Ich stelle mir vor, wie Christine und der Dino in fünfzig Jahren in Schaukelstühlen vor einem Kaminfeuer sitzen und stricken.

Bevor die Mensa zumacht, machen wir uns mal lieber schnell auf den Weg dorthin. Christine will testen, was passiert, wenn sie Torben mal nicht mitnimmt. Der Weg zur Mensa führt an Christines Büro vorbei. Wir spähen durch die Teilverglasung. Der Dino sitzt an seinem Rechner und scheint uns nicht zu bemerken, aber Christine ist sicher, dass er uns bald folgen wird. Auch wenn ich dabei bin? Immerhin habe ich ihn letztes Mal fast vergiftet.

Apropos Gift, letztes Jahr stand vor der Unimensa eine Gruppe von etwa dreißig Studierenden, die am Haupteingang mit Plakaten gegen Konservierungsstoffe demonstrierten. Eine Mensa ohne Konservierungsstoffe ist gar keine gute Idee, finde ich. Ich bin ein großer Freund frischer Lebensmittel und koche selbst und frisch, wann immer ich kann. Aber in einer Kantine, die täglich Tausende Menschen versorgt, bin ich froh, dass es den ein oder anderen Konservierungsstoff gibt. Schließlich ist die Welt voller Bakterien, Pilze und anderer Mikroorganismen. Und die müssen auch was essen, zum Beispiel unser Essen. Ich hätte ja nichts dagegen, mein Essen mit den kleinen Herrschaften zu teilen, viel essen sie einem ja nicht weg, würden sie es nicht in ein ekelhaftes, stinkendes Desaster verwandeln. Von Infektionen und Vergiftungen ganz zu schweigen. Salmonellenvergiftung kennt man ja, aber die Liste ist viel länger. Botulismus etwa – klingt nach einer philosophischen Lehre, ist aber eine lebensgefährliche Fleischvergiftung.

Neben den Bakterien gibt es auch rein chemische Prozesse, an denen Essen verderben kann. (Also, die Giftstoffe der Bakterien entstehen ja auch nur durch chemische Reaktionen im Bakterienstoffwechsel, aber ihr wisst, was ich meine.) Die klassische chemische Reaktion, die Essen verdirbt, kennen wir schon vom Handyakku: die **Oxidation.**

Man kann Oxidationen verschieden definieren. Im Handyakku ist eine Oxidation eine chemische Reaktion unter Abgabe von Elektronen. Das ist die allgemein gültige Definition. Man kann Oxidation aber auch etwas enger und »wörtlicher« definieren, nämlich als eine chemische Reaktion mit *oxygen,* Sauerstoff. Wenn Fette mit Sauerstoff reagieren, sprich wenn Fette oxidieren, werden sie ranzig und ungenießbar. Wenn man einen Apfel aufschneidet, ist es die Oxidation von sogenannten Polyphenolen, die den Apfel braun werden lassen. Vielleicht ist euch auch schon einmal aufgefallen, dass verschiedene Apfelsorten verschieden schnell braun werden. In der Regel sind die neueren Züchtungen wie *Granny Smith* oder *Golden Delicious* nämlich ärmer an Polyphenolen. Das sieht zwar hübscher aus, ist aber schlecht für Apfelallergiker wie den Dino. Denn je höher der Polyphenolgehalt eines Apfels, desto besser verträgt ihn ein Allergiker.

Für die Oxidation werden in der Regel sogenannte **Enzyme** gebraucht. Enzyme gehören zur Familie der Proteine, und man findet sie überall, in Menschen, Tieren, Pflanzen, Früchten. Sie sind extrem vielfältig in ihren chemischen Strukturen und Funktionsweisen, haben aber alle gemeinsam, dass sie als **Katalysatoren** für chemische Reaktionen wirken. Katalysator bedeutet, Enzyme können Molekülen helfen, das zu tun, was diese ohnehin tun wollen – aber nicht so gut können. Zum Beispiel wie der nette junge Mann, der dem älteren Herrn beim Aussteigen aus der Straßenbahn hilft. Andere Enzyme erinnern an eine gute Partnervermittlung, die die richtigen Reaktionspartner zusammenführt. Wieder andere an Küchenhelfer, die das Schnippeln übernehmen, sodass man schneller vorankommt.

Enzyme sind eine beeindruckend vielfältige Stoffklasse. Äpfel bräunen nicht einfach drauflos, sobald sie Sauerstoff begegnen, sondern enthalten ein Enzym namens Polyphenoloxidase, abgekürzt PPO, das ihnen bei der Bräunung assistiert. Der Name verrät sehr konkret, dass PPO gezielt für die Oxidation von Polyphenolen zuständig ist, und die Endung »-ase« ist typisch für Enzyme. Auch unser Stoffwechsel funktioniert nicht ohne Enzyme, denn die meisten chemischen Reaktionen, die unseren Körper am Leben halten, würden ohne Enzyme gar nicht oder nur viel zu langsam ablaufen. Deshalb vertrage ich übrigens keinen Alkohol, denn eines meiner Alkoholabbauenzyme ist kaputt. Aber darauf komme ich in *Kapitel 13* noch einmal zurück.

Das Verderben von Essen ist also nichts anderes als eine Reihe ungewollter chemischer Reaktionen. Eine effektive physikalische Konservierung erreicht man durch Kühlschrank und Gefrierfach, denn je kälter die Temperatur, desto langsamer laufen die meisten chemischen Reaktionen ab. Dann gibt es noch verschiedene chemische Strategien, um Lebensmittel vor dem Verderben zu bewahren: Entweder macht man es den Mikroben schwer, man macht es den Enzymen schwer, oder man wird den Sauerstoff los. Viele Wege führen nach Rom.

Fangen wir mit dem **Sauerstoff** an. Es ist nicht ganz einfach, irgendetwas auf der Erde vor Sauerstoff zu schützen, da er nun einmal Bestandteil der Luft ist. (Darüber wollen wir uns auch nicht beschweren.) Hersteller können Lebensmittel entweder vakuumverpacken oder die Verpackung unter ein Schutzgas stellen (so wie Argon oder Stickstoff aus *Kapitel 6*). Bei Lebensmitteln ist das Schutzgas in der Regel eine sauerstoffarme Mischung aus Stickstoff und CO_2. Bei Lebensmittelverpackungen kann man den Sauerstoff nicht zu 100 Prozent raushalten, aber je weniger Sauerstoffkontakt, desto weniger Oxidation. Wenn man aufgeschnittene Äpfel mit einer Schicht Nutella überzieht, dann ist das übrigens auch eine ziemlich solide Schutzschicht gegen Sauerstoff, nur so als ungesunder Tipp zwischendurch. Der gesündere Tipp ist wahrscheinlich bekannt: Zitronensaft über den Apfel pressen. Denn Zitronensaft enthält Vitamin C, ein sogenanntes Antioxidans.

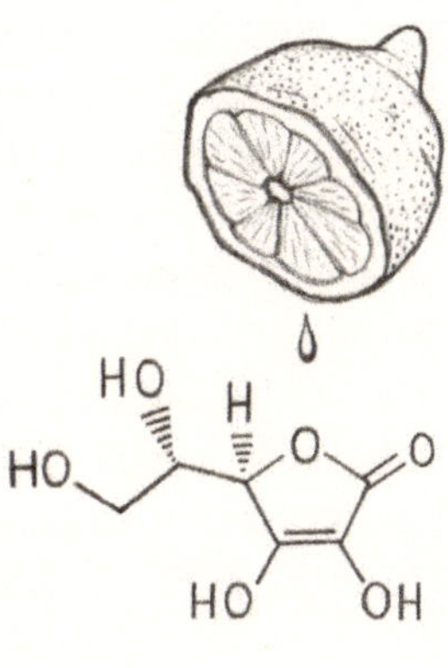

Vitamin C
(Ascorbinsäure)

Antioxidantien sind ja in aller Munde, auch in Kosmetikwerbungen kriegt man das Wort hinterhergeschmissen. Chemisch und ganz wörtlich definiert ist ein Antioxidans ein Stoff, der Oxidationen verhindert, und zwar weil es selbst besonders gut und gerne mit Sauerstoff reagiert. Märtyrerhaft wirft es sich in die Schusslinie und ruft: »Lass die Polyphenole in Ruhe! Nimm mich!«

Zitronensaft ist aber auch sauer. Und **Säure** setzt vielen Enzymen zu. Enzyme sind nämlich riesige, komplexe Moleküle, die ausgeklügelt geformt und gefaltet sind, wie ein abgefahrenes Origami. Ihre dreidimensionale Struktur ist das Geheimnis ihrer Präzisionsarbeit. Sie können zwei Reaktionspartner gezielt zusammenführen, indem sie zum Beispiel den einen in eine perfekt vorgefaltete Tasche stecken und festhalten, sodass der andere besser rankommt. Säure aber kann Enzyme *ent*falten. So verlieren sie mit ihrer dreidimensionalen Struktur auch ihre chemische Katalysatorwirkung. Deshalb halten sich zum Beispiel eingelegte Essiggurken auch ziemlich lange. Die Essigsäure konserviert. Es gibt sogar Bakterien, die mit Säure helfen, Lebensmittel zu konservieren. Das muss ich hier auch mal betonen, nicht alle Bakterien bringen uns Schlechtes. Außerdem liegt gut und schlecht manchmal nah beieinander: Saure Milch entsteht durch Milchsäure, die von Bakterien produziert wird. Bei der Herstellung von Joghurt und Quark nutzt man dies ganz bewusst und versetzt die Milch mit bestimmten Milchsäurebakterien, die die Milch in saure, aber genießbare und länger haltbare Produkte umwandeln. Gleicher Trick übrigens wie bei der Herstellung von Sauerkraut, was bekanntlich ebenfalls lange haltbar ist.

Aber Essig und Milchsäurebakterien sind doch nicht das Problem, sondern die CHEMISCHEN Konservierungsstoffe!

Einigen wir uns zunächst auf die Bezeichnung »synthetische Konservierungsstoffe«, also Konservierungsstoffe, die im Labor hergestellt werden. Schaut man auf der Lebensmittelverpackung in die Inhaltsstofflisten, findet man synthetische Konservierungsstoffe unter mysteriösen E-Nummern. Die wichtigsten sind Säuren wie zum Beispiel die **Sorbinsäure** und ihre Salze, die **Sorbate.** Man findet sie in der Inhaltsstoffliste unter E 200, E 202 oder E 203. Sie erinnern in ihrer chemischen Struktur ein bisschen an die Fettsäuren und deren Salze, die wir als Seifen benutzen. Sie werden auch wie natürliche Nahrungsfettsäuren verstoffwechselt, und man muss sich keine Gedanken wegen eventueller Toxizität machen. Auch was Geruch oder Geschmack betrifft, sind Sorbate und Sorbinsäure ziemlich unauffällig.

Manchmal braucht es aber auch andere Säuren, zum Beispiel **Benzoesäure** und ihre Salze, die **Benzoate.** Sie findet man unter den Bezeichnungen E 210 bis E 213. Sie richten sich gegen Hefen und Schimmelpilze, die auch bei tiefem pH-Wert, sprich in der Anwesenheit anderer Säuren, gerne mal wuchern, und werden unter anderem in sauren Lebensmitteln wie Mayonnaise, Fisch- und Sauerkonserven oder Softdrinks eingesetzt. Benzoesäure ist nicht so skandalfrei wie Sorbinsäure. Unter anderem steht der Verdacht im Raum, dass Benzoesäure Kinder hyperaktiv machen könnte. Doch diese Befürchtung ist nicht durch wissenschaftliche Belege gestützt, wie auch die Europäische Behörde für Lebensmittelsicherheit feststellte. Benzoesäure und Benzoate werden offiziell als sicher eingestuft.

Es gibt aber Bedenken, die mich als Chemikerin besonders irritieren. Ich lese immer wieder: »Benzoesäure ist ein natürlich vorkommender Stoff und daher unbedenklich, Benzoate sind allerdings synthetisch und daher gefährlich.« Das ist mal wieder blinder Chemismus, denn Benzoesäure und Benzoat sind zwei verschiedene Formen desselben Moleküls! Benzoesäure ist, wie Fettsäuren auch, eine sogenannte Carbonsäure. Carbonsäuren haben immer zwei verschiedene Formen, die Säureform und die Salzform. Ähnlich wie bei den Fetten und der Seife ist die Säureform schlecht wasserlöslich, die Salzform, als ionische, geladene Form, ist gut wasserlöslich. Welche dieser beiden Formen vorliegt, wird einfach durch den pH-Wert der Umgebung bestimmt. In einer basischen Umgebung (bei hohem pH-Wert) haben wir mehr Benzoat, in einer sauren Umgebung (bei tiefem pH-Wert) mehr Benzoesäure. Fügt man Benzoat einem sauren Lebensmittel hinzu – und genau das ist ja sein Einsatzgebiet –, dann wird sich ein Teil des Benzoats zwangsläufig in Benzoesäure umwandeln. Also von wegen »natürlich« versus »chemisch«! Die zugelassenen Grenzwerte sind ohnehin unabhängig davon festgelegt und werden auch nicht überschritten.

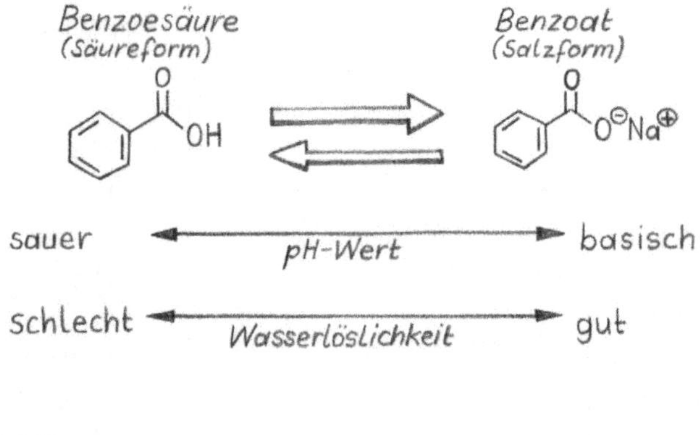

Auf den Inhaltsstofflisten, wo die Zutaten nach Menge geordnet werden, findet man die E-Nummern der Konservierungsstoffe meist recht weit hinten. Man braucht also nicht sehr viel. Trotzdem muss die Toxizität so gut es nur geht untersucht werden. Die technischen Möglichkeiten in einem Labor entwickeln sich ständig weiter, und man kann heute leichter Daten für Langzeitstudien sammeln als früher. Forschung bleibt also auch für bereits zugelassene Zusatzstoffe wichtig, damit die Zulassung in regelmäßigen Abständen auf Basis neuer solider Daten überprüft werden kann. Dass Forschung meist kompliziert ist und lange dauern kann, wisst ihr ja schon. Und geht es um Gesundheit oder Sicherheit, sollte man auch unvollständige Ergebnisse ernst nehmen, wenn der Verdacht auf schädliche Wirkungen besteht. So kann man sich frühzeitig Gedanken um mögliche Alternativen machen. Doch Panik(mache) oder Chemismus (oder chemistische Panikmache) ist nicht die Lösung, vor allem nicht, wenn man noch keine sinnvollen Alternativen hat.

Chemismus hin oder her – ich kann die Ablehnung »künstlicher« und das Vorziehen »natürlicher« Inhaltsstoffe absolut nachvollziehen. Ich will auch lieber frisches Essen, das schmeckt ja auch viel besser. Nur heißt das Label »natürlich« leider nicht automatisch frisch. Das wird deutlich, wenn man natürliche und synthetische Aroma- und Geschmacksstoffe vergleicht. Wenn man weiß, welche Moleküle das Aroma einer natürlichen Frucht ausmachen, kann man diese entweder extrahieren (natürlich gewinnen) oder die entsprechenden Moleküle im Labor selbst herstellen (CHEMIE!). Es gibt keinen Unterschied zwischen Molekülen aus der Natur und Molekülen aus dem Labor, solange es dieselben chemischen Strukturen sind. Nur ist die Natur eine deutlich versiertere Chemikerin als alle Chemiker zusammen. Geschmack geht oft auf eine ausgeklügelte Mischung verschiedener Moleküle zurück, und künstliche Aromen sind oft einfacher zusammengesetzt. Das heißt aber auch, sie sind genauso sicher wie natürliche Aromen, wenn nicht sogar sicherer, da jeder einzelne Inhaltsstoff des künstlichen Aromas bekannt und getestet ist.

Übrigens, wenn irgendwo »nur mit natürlichen Aromen« draufsteht, heißt das noch lange nicht, dass diese Aromen aus der entsprechenden Frucht kommen. »Natürliches Kokosaroma« etwa kommt oft nicht von der Koskosnuss, sondern basiert auf einem Molekül namens Massoialacton aus der Rinde der Massoiapflanze. Natürlich ist es zwar, Kokos aber nicht.

Wenn man beim Essen außerdem auf Nachhaltigkeit achtet, darf man synthetische Zusatzstoffe nicht pauschal verteufeln. Zitronensäure etwa, die ebenfalls als Konservierungsmittel eingesetzt wird, kommt natürlich in Zitronen und anderen Zitrusfrüchten vor. Doch es gäbe nicht genug Zitronen und andere Zitrusfrüchte auf diesem Planeten, um den Bedarf an Zitronensäure zu decken. Da lob ich mir doch eine synthetisch hergestellte Zitronensäure, zumal es ja völlig schnurz ist, ob das Molekül von einer Pflanze oder einer menschlichen Chemikerin hergestellt wurde.

Chemie ist nicht immer so verkehrt, Leute.

Apropos Chemie: Erinnert sich noch jemand an den Fall des mysteriösen McDonald's-Cheeseburgers, der nie schlecht wurde? Eine Frau namens Karen Hanrahan kaufte sich 1996 einen McDonald's-Cheeseburger, den sie möglicherweise zu diesem Zeitpunkt immer noch mit sich herumträgt. Viele Jahre (Jahre!), nachdem sie den Cheeseburger gekauft hatte, war der Burger immer noch intakt, zeigte keine Anzeichen von Verrotten, sondern sah vielmehr noch genauso aus, wie ein Cheeseburger von McDonald's nun einmal aussieht. Vielleicht sieht er auch immer noch so aus, das letzte Mal habe ich 2012 von dem unsterblichen Burger gehört. Natürlich machte die Geschichte jahrelang Schlagzeilen. Was zum Teufel ist in diesem Monsterburger drin? Welcher Chemikaliencocktail schafft so etwas?? Was essen wir da eigentlich???

Die Antwort ist irgendwie enttäuschend und erleichternd zugleich: Es gab keinen Monsterstoff im Burger, ein McDonald's-Burger ist einfach nur sehr trocken. Der Burger war innerhalb kurzer Zeit so ausgetrocknet, dass auch Bakterien und Pilze kein Wasser mehr hatten, um ihre Arbeit an ihm zu verrichten. Karen Hanrahan war recht engagiert darin, öffentlich vor Fast Food zu warnen, und der vertrocknete Cheeseburger war ihre eindrucksvollste Requisite. Sie benutzte ihn als »Beweis« für die schlimme Chemie der Konservierungsstoffe. Prinzipiell unterstütze ich die Absicht. Es ist gut, so wenig wie möglich Fast Food zu essen – aber ich werde sauer, wenn wissenschaftliche Erkenntnisse verdreht werden, um es zu propagieren. Es gibt doch so viele andere schöne, wissenschaftlich belegte Gründe, warum wir weniger Fast Food essen sollten!

Was das Beispiel mit dem Cheeseburger allerdings belegt: Nicht nur Sauerstoff verdirbt unser Essen, sondern auch Wasser. Man kann also Essen einfach furztrocken machen oder auch große Batzen an Zucker oder Salz hinzugeben. (Natürlich auch nicht unbedingt gesund.) Sowohl Zucker als auch Salz saugen Wasser auf, sie sind so schön hydrophil, dass sie Wassermoleküle auf unwiderstehliche Art und Weise anziehen. Die Wassermoleküle kuscheln sich eng an die Salz-Ionen oder Zuckermoleküle und sind auf diese Weise nicht mehr frei verfügbar für die Mikroben.

Der kleine Studentenprotest vor der Mensa hat damals jedenfalls nicht bewirkt, dass dort auf Konservierungsstoffe verzichtet wird. Sie werden aber immerhin transparenter auf dem Speiseplan dargestellt. Allerdings befürchte ich, dass die bloße Nennung von Konservierungsstoffen und mysteriösen E-Nummern die Leute nur noch mehr verunsichert. Dafür, dass Konservierungsstoffe Teil unseres modernen Alltags sind, wissen die meisten viel zu wenig darüber. Deswegen mein Credo: Wir müssen Chemie besser verstehen! Mit all ihren Nuancen, mit allen Risiken und Chancen. (Ha, das reimt sich sogar.)

Natürlich sollte man sich von frischen, unverarbeiteten und lokalen Zutaten ernähren – wann immer man denn kann. Aber manchmal kann man auch pragmatisch sein und sich Folgendes bewusst machen: Der Luxus, sich Lebensmittel in einem Supermarkt kaufen zu können, wie auch der »Luxus«, eine Mensa zu besuchen, beruhen auf jahrhundertelangem Fortschritt und wären ohne Konservierungsstoffe kaum denkbar.

Konservierungsstoffe sind nur ein Beispiel von vielen. Generell haben wir der Chemie und synthetisch hergestellten Stoffen unglaublich viel zu verdanken. Wir haben Angst vor Giften und unnatürlichen Chemikalien, sind aber blind für die unzähligen positiven Errungenschaften der Chemie, die uns unseren Alltag erleichtern oder sogar Leben retten, seien es Medikamente, Isolierungen für Stromkabel oder Volumenhaarspray.

In manchen Fällen erinnert mich die Angst vor Chemie an die Angst vor dem Impfen: Impfstoffe funktionieren so gut, dass wir all die schlimmen Krankheiten vergessen haben, die durchs Impfen verschwunden sind. Ein Leben ohne Pocken, Masern, Diphtherie oder Kinderlähmung ist eine Selbstverständlichkeit geworden, die wir nicht mehr wertschätzen. Stattdessen haben wir Angst vor möglichen seltenen Nebenwirkungen, die sowohl in Häufigkeit als auch in Gefährlichkeit in keinem Verhältnis stehen zu den bekämpften Krankheiten.

Aber ich gebe zu: Der Vergleich zwischen Impfen und Chemie im Allgemeinen hinkt ein wenig. Denn man kann nicht sagen, dass Chemie grundsätzlich weniger gefährlich als nützlich ist. Ich will nur vor Verallgemeinerungen warnen, denn ihnen verfällt man so leicht. Mir passiert das auch immer wieder, wenn auch in die andere Richtung. Einmal wollte ich mir in der Apotheke etwas gegen Schnupfen holen. Der Apotheker gab mir zwei verschiedene Präparate zur Auswahl, ein pflanzliches und ein chemisches. Ohne lange nachzudenken, verlangte ich das chemische, ich wollte schließlich etwas Ordentliches – und ertappte mich dabei, wie ich blind der Chemie die stärkere Wirksamkeit zuschrieb, ohne mich näher erkundigt zu haben. Da musste ich mich selbst ermahnen: Ein synthetischer Stoff aus dem Labor ist nicht automatisch stärker, und ein Stoff aus einer Pflanze ist nicht automatisch weniger wirksam.

Wenn wir uns alle unserer eigenen Vorurteile bewusst werden und uns selbst ab und zu mal streng auf die Finger schauen, können wir sowohl die Chemie als auch die Natur fairer behandeln und bessere Entscheidungen treffen.

Christine tippt mich an und deutet mit dem Kopf Richtung Mensakasse. Tatsächlich – der Oviraptor kommt mit seinem Tablett auf uns zugetrottet.

»Eeeer gehört zu diiiir …«, singe ich.

»Ich sollte ihn fragen, ob er nicht einfach bei mir einziehen möchte.« Christine gibt sich jetzt vielleicht sarkastisch, aber in Wirklichkeit hat sie den Dino total ins Herz geschlossen.

»Eigentlich bin ich ziemlich stolz, dass er sich durch dich nicht einschüchtern lässt.«

»Ich bin halt nett«, sage ich.

»Ich bin halt eine gute Mama«, sagt Christine.

Torben setzt sich zu uns an den Tisch, und es passiert etwas Geniales: Er schaut mich an, grinst – und legt einen Apfel auf mein Tablett. Was für ein Comeback. Vor meinem inneren Auge erhebt sich die gesamte Mensa zu Standing Ovations, Konfettikanonen, wehende Banner und Fahnen, Menschenmassen tragen den Dino auf ihren Schultern. Christine und ich strahlen Torben an, und er fängt an zu lachen.

»Die Blase ist geplatzt«, flüstert Christine.

KAPITEL 8

Kovalent kompatibel

King K war gerade im Büro und hat mich angekackt«, sagt der Dino in seinem herrlich ruhigen Ton.

»Was?!!«, ruft Christine. Der Mutterinstinkt ist offensichtlich geweckt. Langsam bekomme ich den Eindruck, dass die Mutter-Dinobaby-Beziehung von *ihr* ausgeht. »Was hatte er denn jetzt schon wieder?«

»Er sagt, wir müssen die Pflanzen aus dem Büro entfernen. Die passen nicht zur Corporate Identity.«

»Zur WAS?«, sagen Christine und ich gleichzeitig. Manchmal bin ich froh, dass ich aus der Uni raus bin, das hält man ja im Kopf nicht aus.

»Und was hast du gesagt?«, frage ich Torben.

»Ich habe ihn gefragt, ob ich die Pflanzen auf der Stelle entsorgen soll«, sagt der Dino unaufgeregt. »Er wurde ziemlich wütend und sagte: ›Sie haben einen Doktortitel, stellen Sie nicht so dumme Fragen.‹«

King K ist offenbar ein Mann, der schon lange nicht mehr das Wort »Nein« gehört hat. Es wird ihm auch niemand sagen, dass das mit den Büropflanzen großer Mist ist. So ist das eben, wenn man ganz oben in der Hierarchie steht. Natürlich gibt es überall Hierarchien, aber an der Uni sind sie besonders tückisch. Denn in einem Konzern hat jeder Chef wiederum einen Chef über sich. Und der Vorstand hat Aktionäre oder den Betriebsrat im Nacken. Aber ein Professor hat theoretisch nur Gott über sich, und da gerade Naturwissenschaftler oft Atheisten sind, sind sie die absolute Spitze der Macht.

Natürlich gibt es auch viele tolle Professorinnen und Professoren. Christines und mein Doktorvater war zum Beispiel große Klasse. Und wäre er das nicht gewesen, würde Christine wahrscheinlich gerade viel Geld in der Industrie verdienen, was ein großer Verlust für die Wissenschaft wäre. Aber leider gibt es nicht genügend Leute, die in einer Welt von befristeten Arbeitsverträgen, mäßiger Bezahlung und irrsinnigem Leistungsdruck wenigstens etwas emotionalen Support und ein gewisses Gefühl von Wertschätzung anbieten. Das belegt die folgende Episode besonders anschaulich.

1996, im selben Jahr, als Karen Hanrahan ihren unsterblichen Cheeseburger kaufte, schrieb der Chemiker Erick M. Carreira einen Brief. Carreira war damals ein aufstrebender Chemieprofessor am Caltech, dem *California Institute of Technology*, einer der renommiertesten Universitäten der Welt. Der Brief war ein privates Schreiben an Guido, einen seiner Postdocs, gelangte aber später an die Öffentlichkeit. Ich möchte den Brief hier so wörtlich wie möglich übersetzen:

Guido:
Ich möchte Dir in schriftlicher Form mitteilen, was von Dir als Mitglied dieser Forschungsgruppe zu erwarten ist. Zusätzlich zu den normalen Arbeitszeiten erwarte ich von allen Mitgliedern

der Forschungsgruppe, dass sie auch abends und an den Wochenenden arbeiten. Du wirst feststellen, dass das hier am Caltech die Norm ist. In Ausnahmefällen verstehe ich, dass persönliche Anliegen Deine Zeit in Anspruch nehmen werden und verlangen, dass Du Dich Deiner Verantwortungen im Labor entziehst. Allerdings ist es für mich inakzeptabel, wenn das zur Gewohnheit wird.

Mir ist aufgefallen, dass Du es an einigen Wochenenden versäumt hast, ins Labor zu kommen, und in letzter Zeit auch abends. Darüber hinaus hast Du, zusätzlich zu dieser freien Zeit, auch noch Urlaub beantragt. Ich habe kein Problem mit Urlaub, der wohlverdient ist, ich habe allerdings durchaus ein Problem mit ständigem Urlaub und ständiger Freizeit, die das Projekt beeinträchtigen. Ich finde das sehr unerfreulich und schädlich für Deine Wissenschaft.

Ich erwarte, dass Du Deine Arbeitsmoral unverzüglich korrigierst.

Ich erhalte jeden Tag mindestens eine Postdoc-Bewerbung aus den USA und aus aller Welt. Falls es Dir nicht möglich sein sollte, die erwartete Arbeitszeit zu erfüllen, kann ich sicherlich jemand anderen als angemessenen Ersatz für dieses wichtige Projekt finden.

Mit freundlichen Grüßen,

Erick M. Carreira

Die Veröffentlichung dieses Briefs sorgte einerseits für Empörung, verständlicherweise, andererseits war der Inhalt nur ehrlich. Die Direktheit schockte viele Chemiker mehr als die eigentliche Erwartungshaltung, die in der Wissenschaft keine Seltenheit ist. Ich kenne da noch ganz andere Geschichten, aber das wäre Stoff für ein eigenes Buch.

Als er den Brief schrieb, war Carreira in einer ähnlichen Situation wie Christine jetzt: 33 Jahre alt und als »Associate Professor« in der wichtigsten »Make-or-Break-Phase« seiner akademischen Karriere. Heute ist er einer der renommiertesten organischen Chemiker weltweit. Ich habe gehört, dass er inzwischen ganz cool und entspannt sein soll.

Christine und viele der anderen jungen Wissenschaftler, die ich kenne, stimmen mich optimistisch für die Zukunft. Ich hoffe nur, dass sie nach ein paar Jahren Unikarriere nicht selbst irgendwann zu Unmenschen werden. Christine sagt mir regelmäßig, sollte ich jemals Anzeichen feststellen, dass sie ihre Studenten unmenschlich behandelt, kann – nein, *muss* ich ihr ganz fest auf die Nase hauen.

Zwischenmenschliche Beziehungen sind doch das Allerwichtigste. Es ist genau wie in der Chemie: Atome und Elemente sind – jedes für sich – faszinierend. Aber richtig interessant wird es doch erst, wenn sich Atome zu Molekülen verbinden und miteinander chemische Reaktionen eingehen. Manche chemischen Bindungen sind in ihrer Art auch ähnlich zu menschlichen Beziehungen. In unserem Freundeskreis gibt es zum Beispiel ein unzertrennliches Pärchen, »die Steffis«, denn sie heißen tatsächlich Steffi und Stefan. Das klingt ekelhaft harmonisch, doch ironischerweise ist das Gegenteil der Fall. Man könnte sagen, dass sich die Steffis ständig streiten, aber genau genommen streitet nur Steffi, während Stefan es still erduldet. Die Beziehung wirkt sehr unausgeglichen, Steffi ist extrem einnehmend, Stefan extrem nachgebend. Christine findet, Stefan sei arm dran. Ich aber vermute, dass Stefan das genau so möchte und nicht anders. Die beiden sind schon lange zusammen und – so glaube ich – auf ihre Weise glücklich. Christine würde die Beziehung der Steffis eine »metastabile Bindung« nennen, ich sehe sie eher als »ionische Bindung«.

Es gibt drei verschiedene Arten von chemischen Bindungen, oder zumindest drei Arten, die zu kennen sich lohnt: die

Ionenbindung, die Atombindung, auch genannt kovalente Bindung, und die Metallbindung. Der Stoff, über den man zwei Atome miteinander verbindet, ist immer derselbe: Elektronen. **Chemische Bindungen entstehen durch das Teilen von Elektronen.** Genauer gesagt sind es die Außenelektronen, die in einer chemischen Bindung unter den Atomen aufgeteilt werden, was euch nach *Kapitel 2* wahrscheinlich einleuchten wird. Warum sich Atome überhaupt verbinden, liegt zum Beispiel an der Oktettregel. Aber welche Art der Bindung entsteht, hängt damit zusammen, wie genau die Elektronen zwischen den Bindungspartnern aufgeteilt werden.

Eine **Ionenbindung** oder **ionische Bindung** beruht darauf, dass ein Bindungspartner dem anderen ein Elektron schenkt. Es können auch mehrere Elektronen sein, je nachdem, was für Bedürfnisse da etwa durch die Oktettregel entstehen. Das kennen wir ja schon vom Natriumfluorid aus der Zahnpasta oder Natriumchlorid, unserem Kochsalz. Es entstehen positive und negative Ladungen, Kationen und Anionen (wir erinnern uns an *Kapitel 2*), die sich gegenseitig anziehen. Das Gleiche passiert auch oft bei Beziehungen, also bei Bindungen, die wir Menschen eingehen. Da heißt es schließlich auch: Gegensätze ziehen sich an – voilà, Ionenbindung!

Anders als bei den Steffis darf man sich eine Ionenverbindung wie Natriumchlorid aber nicht vorstellen wie einzelne Zweierpärchen von Natrium und Chlorid. Bei der elektrostatischen Anziehung zwischen dem positiven Natrium und dem negativen Chlorid wirkt die Anziehung ausgehend von jedem Ion radial in alle Richtungen. Jedes Natrium-Ion umgibt sich dreidimensional mit Chlorid-Ionen und andersrum. Das führt dann zu einer geordneten, dreidimensionalen Struktur, dem Ionengitter. Bei Kochsalz sieht das **Ionengitter** dann so aus:

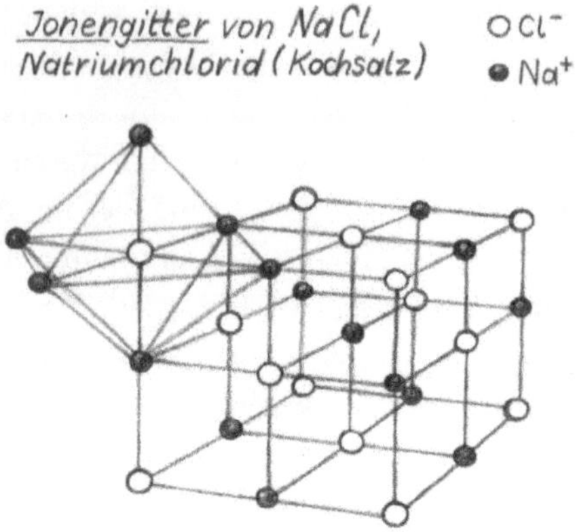

»Vorzeigeehe« habe ich so eine Verbindung in *Kapitel 2* genannt, das ist so gesehen vielleicht nicht mehr ganz passend. Eine Ionenbindung ist eine unausgeglichene Beziehung, der eine gibt, und der andere nimmt. Aber sie sind glücklich. Wie die Steffis. Denn der eine will schließlich nichts anderes als geben, und der andere will nichts anderes als nehmen. (Ganz ähnlich wie bei unseren Redox-Reaktionen aus *Kapitel 6*.) Vielleicht also doch eine perfekte Ehe, wenn auch nicht unbedingt vorzeigbar, denn von außen betrachtet wird man Steffi wahrscheinlich verurteilen und Stefan bemitleiden. Dieses chemische Bindungsprinzip kann man auch auf andere zwischenmenschliche Beziehungen anwenden: Christines und Torbens Mama-Dino-Beziehung ist eine ziemlich ionische Beziehung, finde ich.

Schauen wir uns jetzt eine andere Art von Bindung an, die eher zu mir und Christine passt. In *Kapitel 2* war das zum Beispiel die Bindung zwischen Kohlenstoff und Fluor im Teflon. Organische Verbindungen, also Verbindungen, die Kohlenstoff enthalten, sind prädestiniert für sogenannte **Atombindungen,** auch **kovalente Bindungen** genannt. Ich persönlich mag die Bezeichnung kovalente Bindung mehr, denn Atombindung klingt für mich so nichtssagend. Sind nicht alle Bindungen Bindungen zwischen Atomen?

Kovalente Bindungspartner teilen sich die Elektronen, anstatt dass der eine gibt und der andere nimmt. Sie werden durch gemeinsame Elektronen zusammengehalten, nicht durch elektrostatische Anziehung zwischen Ladungen.

Bisher habt ihr in diesem Buch schon so einige kovalente Verbindungen gesehen:

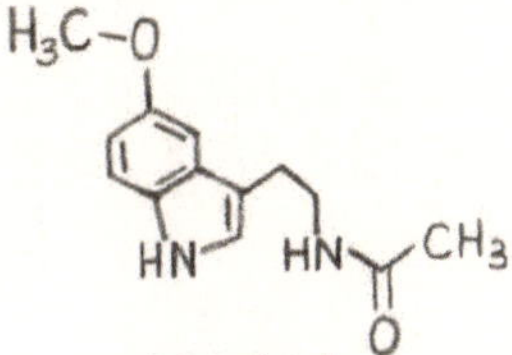

Melatonin

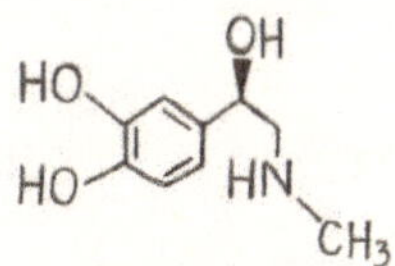

Adrenalin

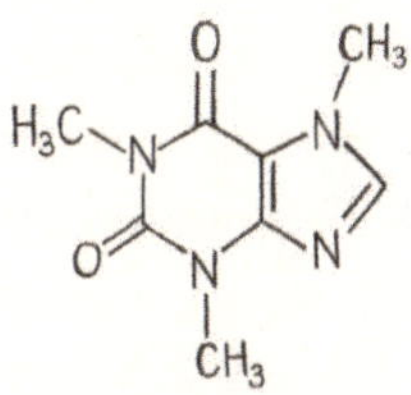

Koffein

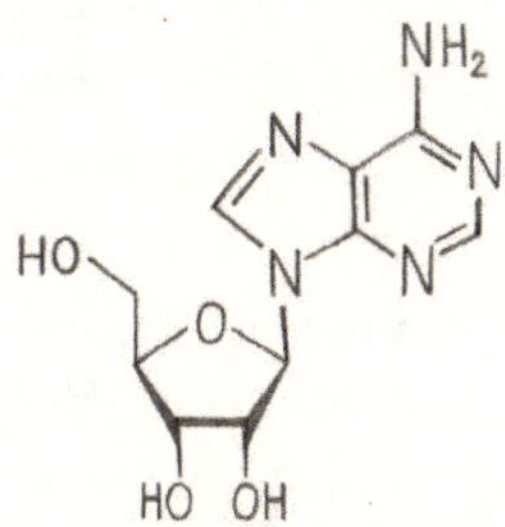

Adenosin

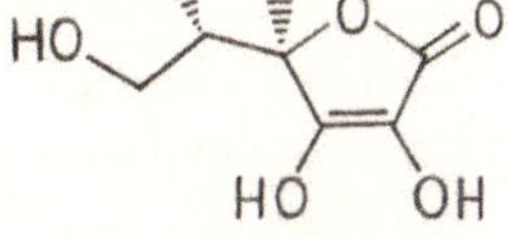

Ascorbinsäure

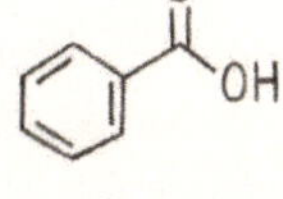

Benzoesäure

Jeder Strich steht hier für eine kovalente Bindung. Und übrigens steht jede Ecke, die nicht anderweitig beschriftet ist, für ein Kohlenstoffatom. Weil unser Leben so kohlenstoffdominiert ist, enthalten die meisten Moleküle so viele Kohlenstoffatome, dass man es sich spart, überall »C« (oder CH, CH_2, CH_3) hinzuschreiben:

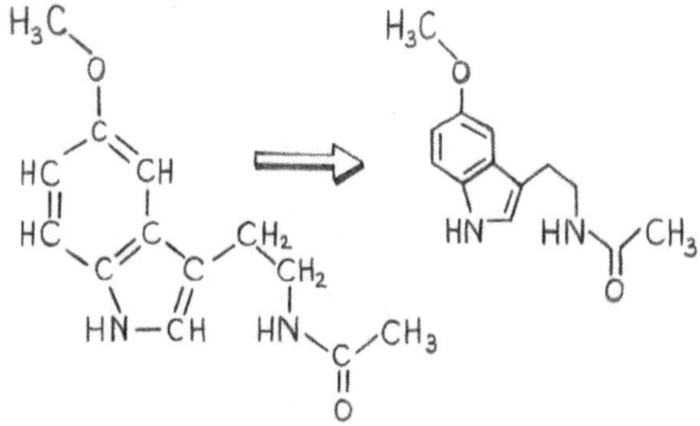

Vereinfachte Darstellung chemischer Strukturen am Beispiel Melatonin

Dass Kohlenstoff ein Meister im Bilden kovalenter Bindungen ist, ist übrigens einer der Gründe, warum das Leben auf Kohlenstoff basiert und warum wir davon ausgehen, dass *jedes* Leben auf Kohlenstoff basieren muss. Denn im Gegensatz zur ionischen Bindung geht die kovalente Bindung nicht radial in alle Richtungen, sondern es gibt eine bestimmte Richtung und einen bestimmten Winkel zwischen zwei Bindungen. Deswegen kann man mit kovalenten Bindungen viel ausgeklügeltere Strukturen bauen als mit ionischen Bindungen, wie etwa unsere DNA, riesige komplizierte Proteine oder eben all die Moleküle, die ihr hier im Buch findet. Aber auch einfache, kleine Moleküle wie unsere Gasmoleküle funktionieren nur mit kovalenten Bindungen, während ionische Bindungen direkt riesige Gitterstrukturen bilden.

Der Übergang zwischen ionischer und kovalenter Bindung ist allerdings fließend. Nicht in jeder kovalenten Bindung sind beide Bindungspartner völlig gleichberechtigt, auch beim Teilen der Elektronen kann ein Bindungspartner die Elektronen mehr für sich beanspruchen als der andere. Wie fair die Elektronen verteilt sind, hängt davon ab, wie verschieden die Bindungspartner in ihrer sogenannten Elektronegativität sind. Die **Elektronegativität** ist die Fähigkeit eines chemischen Elements, innerhalb einer Bindung die Elektronen zu sich zu ziehen. In einer Bindung zwischen zwei gleichen Atomen, klassischerweise zwei Kohlenstoffatomen, ist die Bindung tatsächlich sehr gerecht und ausgeglichen. Aber in einem Wassermolekül (H_2O) ist das Sauerstoffatom (O) elektronegativer als die Wasserstoffatome (H) und zieht daher die geteilten Bindungselektronen stärker an sich ran. Das macht Wasser zwar noch nicht gleich ionisch, aber am Sauerstoffatom kommt es zu einer höheren **Elektronendichte** als an den Wasserstoffatomen. Dadurch entsteht eine sogenannte **Polarität** – ähnlich wie beim Plus- und Minuspol einer Batterie findet man eine Ladungstrennung in abgeschwächter Weise auch beim Wassermolekül. Man sagt auch: Das Sauerstoffatom hat eine **negative Partialladung,** die Wasserstoffatome **eine positive Partialladung.** Eine kovalente Bindung mit ionischem Touch, könnte man sagen. Man nennt sie auch **polare Atombindung** oder **polar kovalente Bindung.**

Sind die Elektronegativitäten extrem verschieden, zieht der eine Bindungspartner die Elektronen komplett zu sich, und wir bekommen eine Ionenbindung.

Ich mache mir einen Spaß daraus, zwischenmenschliche Beziehungen in ionische und kovalente Beziehungen einzuteilen. Manche suchen in ihren Partnern und Freunden einen Gegenpol, ich bin eher der kovalente Typ. Ich finde, ich führe zum Beispiel eine sehr kovalente Ehe. Und meine Freunde suche ich mir auch so aus, dass sie mit mir möglichst »kovalent kompatibel« sind. Anderen mag das zu langweilig sein, aber es hat auch seine Vorteile. Als Christine meinen Junggesellinnenabschied organisierte, kamen dort einige meiner Freundinnen zusammen, die sich vorher gegenseitig noch nicht kannten. Christine war schwer begeistert, wie unkompliziert und harmonisch mein Junggesellinnenabschied war. Das muss an meiner kovalenten Freundschaftspräferenz liegen.

Dann gibt es noch die **Metallbindungen**, die sind noch mal eine Sache für sich. Sie halten einen Goldbarren oder einen Eisennagel zusammen. Und natürlich auch unseren Löffel aus *Kapitel 1*, wo wir uns die Metallbindung noch als Klettergerüst vorgestellt haben. Aber inzwischen seid ihr bereit für mehr Tiefe, richtig?

Man kann die chemischen Elemente in Metalle und Nichtmetalle einteilen, etwa vier Fünftel der Elemente im Periodensystem sind Metalle. Ihre Gemeinsamkeit ist die interessante Art ihrer Bindung, die sich mit dem sogenannten **Elektronengasmodell** beschreiben lässt: Hier sind die Außenelektronen nicht fest gebunden und lassen sich nicht einzelnen Atomen zuordnen. Stattdessen bewegen sie sich relativ frei innerhalb des Metalls hin und her, ähnlich wie die Moleküle innerhalb eines Gases. Deswegen nennt man diese wilde Elektronengemeinschaft auch **Elektronengas.**

Ähnlich wie bei der kovalenten Bindung beruht die metallische Bindung also auch auf geteilten Elektronen, allerdings geht es im Metall wie bei einer Kommune zu – alle teilen sich alles.

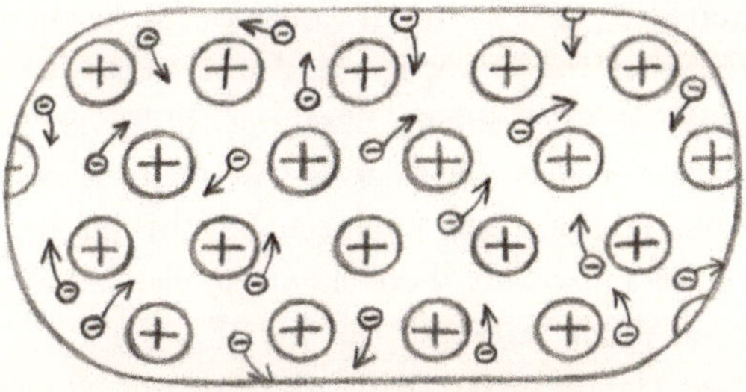

Elektronengasmodell

Wenn die Metallatome ihre Außenelektronen frei laufen lassen, bleiben sie selbst positiv geladen zurück. Sie bilden als positive **Atomrümpfe** das Gerüst des Metalls, das sogenannte **Metallgitter.** Die positiven Atomrümpfe und die Elektronen des Elektronengases ziehen sich gegenseitig an, ähnlich wie die Kationen und Anionen in einem Ionengitter. Doch da sich die Elektronen bewegen können, ist ein Metallgitter nicht so starr wie ein Ionengitter. Und genau das macht die Eigenschaften eines Metalls aus.

Metalle haben drei charakteristische Eigenschaften, die sich alle aus dieser Art von Elektronengasbindung ergeben.

Erstens: Metalle leiten elektrischen Strom.

Elektrischer Strom ist ja nichts anderes als fließende Elektronen. Und fließen können die Elektronen natürlich super als Elektronengas. Verbindet man einen Metalldraht mit einer Batterie, dann werden auf der einen Seite einfach Elektronen reingeschoben, auf der anderen rausgezogen.

Zweitens: Metalle sind gute Wärmeleiter.

Hier kommen wir nun also zurück zu *Kapitel 1* und zu der Frage, warum sich ein Metalllöffel kälter anfühlt als eine Tischplatte aus Holz. Wenn Wärmeleitung nichts anderes ist als die Übertragung von Bewegungsenergie zwischen Teilchen, dann klappt das natürlich besonders gut, wenn die Teilchen möglichst frei beweglich sind und möglichst oft aneinanderstoßen. Mit jedem Zusammenstoß innerhalb des Elektronengases wird die Energie von einem Elektron aufs nächste übertragen. Holz hingegen besteht aus kovalenten Bindungen, ist molekular betrachtet also viel starrer und ein schlechterer Wärmeleiter.

Drittens: Metalle lassen sich gut verformen.

Damit meine ich nicht, dass Metalle unbedingt weich sind. Härte und Verformbarkeit sind zwei verschiedene Paar Schuhe. Ein Metalldraht ist ja gleichzeitig hart und verformbar. Nehmen wir einen Stab aus Holz oder Glas und versuchen, ihn zu verbiegen, dann bricht er irgendwann – beide Materialien sind spröde. Ein Metallstab hingegen lässt sich verformen, weil die Atomrümpfe, die das Grundgerüst des Metalls bilden, nicht starr an ihre Plätze gebunden sind. Sie gleiten geschmeidig aneinander vorbei, gepolstert vom Elektronengas, sodass sich Metalle hämmern und schmieden lassen, ohne dass sie zerspringen.

Ich finde es immer wieder faszinierend, wie sich physikalische oder biologische Eigenschaften auf die chemische Struktur zurückführen lassen. Das ist doch genial! Noch cooler ist es, wenn man dieses Verständnis anwenden kann, um selbst Moleküle und Materialien mit gewünschten Eigenschaften herzustellen. Wie kann man so etwas nicht genial finden? Wie kann man Chemie nicht genial finden?? Ich werde es nie verstehen.

»Oh neeeeeiiiiin«, sagt Christine und schaut traurig auf ihr Handy.

»Was?«, frage ich.

»Young Tesla hat abgesagt. Er geht zu King K.« Christine ist niedergeschlagen.

»Young Tesla« ist ein junger Mann, der sich bei ihr für eine Doktorarbeit beworben hatte und der angeblich aussieht wie der junge Nikola Tesla. Er ist wohl ein sehr guter Student und hatte bei seinem Vorstellungsgespräch bei Christine einen vielversprechenden und bleibenden Eindruck hinterlassen. Christines Forschungsgruppe ist klein, aber sie hat ein gutes Händchen dafür, die richtigen Leute auszuwählen. Ihre Leute sind gute Wissenschaftler *und* gute Teamplayer, die Kombination ist ihr wichtig. Die Atmosphäre innerhalb der Gruppe muss konstruktiv und motivierend sein, deshalb hat sie schon einmal eine Bewerberin abgelehnt, die zwar fachlich überzeugend war, aber menschlich nicht zu passen schien. Young Tesla hätte anscheinend perfekt zu ihrem Team gepasst, aber Christines Gruppe steht in Konkurrenz zu acht weiteren Forschungsgruppen im Institut. Und die meisten wollen zu King K, weil er Institutsleiter und der Professor mit dem renommiertesten Namen ist. Klar, eine sogenannte Juniorgruppe bedeutet Risiko, bei neuen Gruppen kann man nie genau wissen, wie erfolgreich sie sein werden. Da Juniorprofessoren wie Christine selbst unter großem Druck stehen, wird man unter ihrer Obhut in der Regel zwar besser betreut, die Gefahr, versklavt zu werden, ist allerdings auch höher – siehe Fall Carreira. Dieser Tesla-Typ wird seine Entscheidung jedenfalls bald bereuen, da bin ich mir sicher.

»Jetzt werde ich die nächsten Jahre dabei zusehen müssen, wie der Typ von King K verheizt wird«, sagt Christine.

Ich lege meinen Arm um sie: »Heute ist ein Scheißtag, was?«

»Hmhm.«

Der Dino schaut auch ganz bedröppelt drein.

»Komm doch heute Abend vorbei, und ich koch was«, sage ich. Christine zögert. In ihr kocht wahrscheinlich nur eins: das Bedürfnis, noch härter zu arbeiten, um noch schneller erfolgreich zu werden, damit sie keine guten Leute mehr an King K verlieren muss. Wer hat da schon Zeit für Abendessen?

»Wisst ihr was? Ihr kommt beide vorbei«, sage ich zu Christine und Torben. »19 Uhr. Keine Widerrede.«

KAPITEL 9

So stinkt die Chemie

Ich steige zwei Haltestellen früher aus, weil ich den Gestank nicht länger ertrage. Ich wollte erst nicht glauben, dass der betäubende Schweißgeruch von dem (visuell) attraktiven Mann neben mir ausging, aber beim Aussteigen konnte ich die Quelle des Gestanks eindeutig identifizieren: Der Typ roch nach TMHS, nach *trans*-3-Methyl-2-hexensäure. Sie ist verwandt mit der **Capronsäure,** eine **Fettsäure,** benannt nach der lateinischen Ziege, *capra,* weil sie eben richtig hart nach Ziege riecht.

Capronsäure ist eine sogenannte **gesättigte Fettsäure,** das bedeutet, die Kohlenstoffkette enthält nur Einfachbindungen, keine Doppelbindungen. Denken wir uns zur Capronsäure eine Doppelbindung hinzu, erhält man eine sogenannte **ungesättigte Fettsäure,** und wenn man dann noch eine sogenannte Methylgruppe an die Doppelbindung dranhängt, bekommt man das wunderbare TMHS-Molekül, das für einen charakteristisch ziegenartigen und buchstäblich umwerfenden Schweißgeruch sorgt:

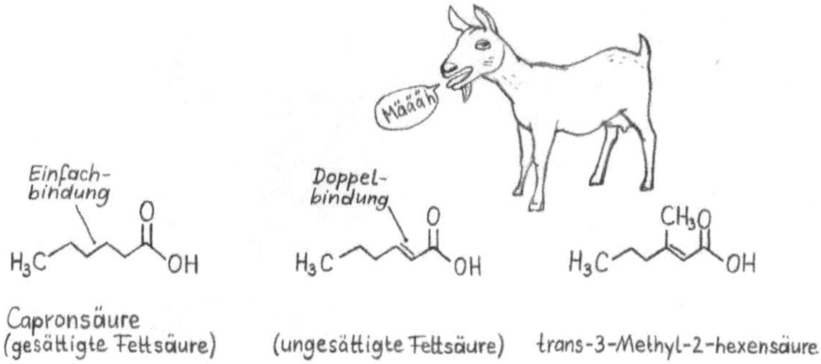

Ekelhaft, denkt ihr jetzt vielleicht, und ihr würdet lieber mehr über gesättigte und ungesättigte Fette erfahren, aber darum kümmern wir uns später beim Abendessen. Vorher können wir ruhig noch ein bisschen über stinkende Moleküle reden, die rieche ich zwar auch nicht gerne, aber faszinierend sind sie trotzdem.

Gerüche sind auf **flüchtige** Moleküle zurückzuführen. Flüchtig heißt leicht verdampfend. Wenn ich also etwas Unangenehmes rieche, dann nur, weil diese unangenehmen Moleküle buchstäblich physisch in meine Nase hineingelangen. Was den Typ im Bus betrifft – ja, ein Teil seines Schweißes ist gerade tatsächlich aus seinen Achselhöhlen in meine Nase geflogen. Ich weiß, die Realität ist nicht immer leicht zu ertragen.

Die organische Chemie ist mit intensiven Gerüchen verbunden. Die wunderbarsten Aroma- und Geschmacksstoffe sind organische Moleküle, aber die fiesesten Gestänke ebenso. Im Chemiestudium wird die organische Chemie mit **OC** abgekürzt, zwei Buchstaben, die bei dem einen Entzücken, bei dem anderen Schrecken auslösen. Zunächst muss man in OC viel auswendig lernen. Als ich mal zu Hause organische

Strukturformeln vor mich hin kritzelte, sagte mein Mitbewohner: »Krass, dass du weißt, wie das alles aussieht.« Er meinte, krass, dass ich mir das alles merken kann. Aber das eigentlich Faszinierende ist doch, dass wir überhaupt wissen, wie chemische Strukturen aussehen, obwohl wir sie nicht sehen können. Das ist das Tolle an Chemie. Doch neben der Theorie besteht etwa die Hälfte des Chemiestudiums aus Laborarbeit. Diese Laborarbeit bezeichnen Chemiker als **Praktikum,** was im Gespräch mit Nichtchemikern manchmal zu Missverständnissen führt. OC-Praktika haben es in sich und haben schon den ein oder anderen Chemiestudenten dazu gebracht, nicht nur die eigene Studienwahl, sondern auch den Sinn des Lebens infrage zu stellen. Doch OC-Praktika sind auch verdammt spannend: In der organischen Chemie geht es vor allem um »Kochen«, wie der Chemiker sagt, um **Synthese,** also das Herstellen neuer Moleküle *»from scratch«*. Es ist ein ziemlich cooles Gefühl, mit den eigenen Händen Moleküle zu kochen, die man mit dem bloßen Auge und auch mit dem besten Mikroskop der Welt nicht sehen kann. Man fühlt sich ein bisschen wie ein Zauberer. Aber OC-Praktika sind auch sehr anstrengend. Außerdem gehen sie einher mit einem ganz charakteristischen Geruch. Man kann jede Chemikerin in einem ihr unbekannten Unigebäude der organischen Chemie aussetzen, und sie wird die Laborräume der OC-Praktika allein durch den Geruch finden. Und dieser Geruch ist nicht schön. Ich habe mich immer geschämt, wenn ich nach dem OC-Praktikum in einem vollen Bus nach Hause fahren und die anderen Menschen anstinken musste. Da war der Typ von eben nichts dagegen. Aber das Schweißmolekül TMHS ist ja auch ein organisches Molekül, und wir wissen alle, dass es nicht das einzige stinkende Molekül ist, das wir Menschen typischerweise von uns geben. Hier eine kleine Auswahl:

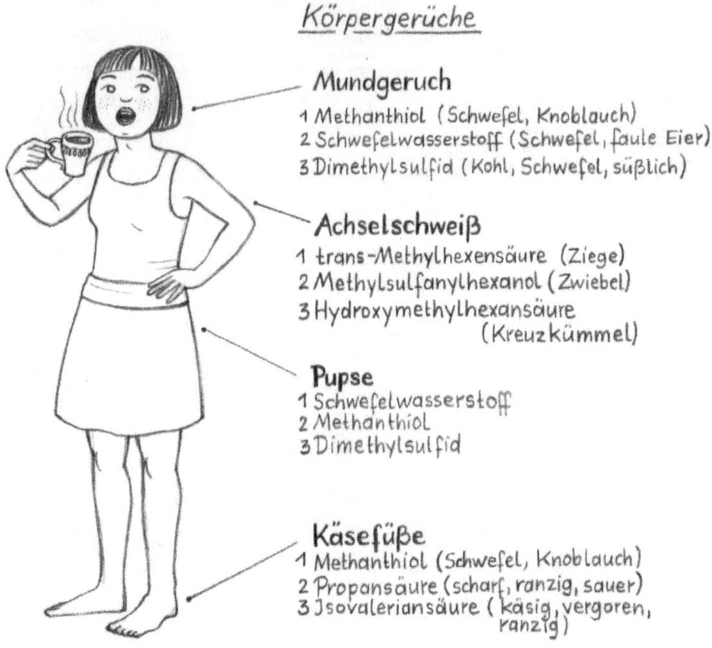

Doch bevor ihr denkt, »witzig zu wissen«, und unbekümmert weiterlest – macht euch bitte einmal kurz klar, *woher* wir das alles wissen. Glaubt ihr etwa, man hat sich die chemische Zusammensetzung eines Furzes *theoretisch* hergeleitet? Oh nein. Das wurde natürlich experimentell bestimmt.

Eine Studie ist besonders unterhaltsam, die möchte ich euch nicht vorenthalten: 1998 untersuchten Wissenschaftler aus Minneapolis die Flatulenzen von 16 Männern und Frauen, um die Gestankstoffe zu identifizieren. Die Studienteilnehmer mussten zunächst nicht viel machen außer in ein Röhrchen pupsen. Aber natürlich überlässt man in einer wissenschaftlichen Studie nichts dem Zufall. Deshalb wurde das

Essen der Teilnehmer am Vorabend und Morgen der Studie um jeweils 200 Gramm Bohnen ergänzt sowie um 15 Gramm Lactulose, einen präbiotisch wirkenden Zucker, der von Darmbakterien unter Gasentwicklung zersetzt wird.

Das eigentlich Bemerkenswerte war nun die Analyse. Neben gängigen Methoden wie der Gaschromatografie wurden zwei »Geruchsjuroren« hinzugezogen, die bewerten mussten, wie unangenehm die Gerüche tatsächlich waren. Warum nur zwei? Na ja, findet mal Menschen, die für die Wissenschaft an Pupsproben riechen möchten. Außerdem braucht man für eine wissenschaftlich möglichst akkurate Beurteilung natürlich eine besonders empfindliche Nase. Die beiden Geruchsjuroren jedenfalls hatten sich in vorangegangenen Tests als sehr feinnäsig behauptet und hatten bewiesen, dass sie Gestänke sowohl quantitativ (wie stark ist der Geruch?) als auch qualitativ (wie unterscheiden sich die Gerüche?) besonders gut zu beurteilen vermochten. Sie mussten verschiedene Geruchsproben auf einer Skala von 0 (geruchlos) bis 8 (widerlich) einordnen. Außerdem sollten sie den Geruch einzelner, isolierter Gase präzise beschreiben: Schwefelig? Verfault? Süßlich? Ein einfaches »ekelhaft« ist natürlich nicht konkret genug.

Größtenteils besteht ein Pups aus geruchlosen Gasen wie Wasserstoff, Stickstoff und CO_2, aber unter den stinkenden Gasen, so fanden die Forscher heraus, hatte Schwefelwasserstoff (riecht nach faulen Eiern) den größten Anteil, gefolgt von Methanthiol (riecht nach vergammeltem Gemüse) und Dimethylsulfid (riecht süßlich, aber sehr unangenehm süßlich).

Was macht man nun mit diesem Wissen? Na ja, nicht jede Forschung muss zwingend einem praktischen Zweck dienen, sie hat auch ohne eine Antwort auf »What's in it for me?« eine Berechtigung. Der Kern der Wissenschaft ist es an erster

Stelle, die Welt besser zu verstehen, da gehören Flatulenzen nun einmal auch dazu. Aber diese Studie ging tatsächlich noch weiter, und jetzt kommt eigentlich erst der lustige Part:

In einem weiteren Experiment steckten die Forscher die Teilnehmer in eine Hose aus luftundurchlässigem Material, die außerdem mit Panzertape an Oberschenkeln und Hüften luftdicht festgeklebt wurde. Um sicherzugehen, dass kein Gas aus der Hose austreten konnte, wurden die Teilnehmer sogar kurz – wie ein zu flickender Fahrradreifen – in Wasser gesetzt, um zu überprüfen, ob nicht doch irgendwo Gas herausblubberte. Sie wurden allerdings über Schläuche »verkabelt«, um Gas zwecks Analyse kontrolliert und verlustfrei aus der Hose zu führen. Denn in der Hose steckte ein Schaumkissen, dessen Oberfläche mit Aktivkohle beschichtet war, die schwefelhaltige Moleküle adsorbieren kann. Also kein Furzkissen, sondern ein Anti-Furzkissen! So testeten die Forscher, wie viele Gestankmoleküle durch eine solche Aktivkohle-Vorrichtung in der Hose abgefangen werden können und inwieweit das den Gestank mildert. Es gab sogar Placebo-Kissen, bei denen die Aktivkohle unter einer luftdichten Plastikschicht versiegelt war. Auf methodische Korrektheit wurde also geachtet.

Was kam raus? Aus den Hosen mit Aktivkohlekissen kam auf jeden Fall weniger Gestank raus. Das Anti-Furzkissen adsorbierte über 90 Prozent der schwefelhaltigen Gase. Man muss allerdings ergänzen – und jetzt kommt das Allerlustigste, wie ich finde –, dass die Maße des Kissens 43,5 × 38 × 2,5 cm waren, quasi ein großes Kopfkissen! Wenn diese Anwendung auf ein überdimensionales Kissen in der Hose beschränkt ist, ist es kein Wunder, dass sich ein solches Produkt noch nicht auf dem Markt durchgesetzt hat. Aber so ist Forschung eben. Zwischen Erfolg versprechenden Studienergebnissen und praktischer Anwendbarkeit liegen oft Welten.

Das angeblich »stinkendste Molekül der Welt« kommt zum Glück in der Natur nicht vor. Das kleine Molekül trägt den Namen Thioaceton und sieht recht harmlos aus:

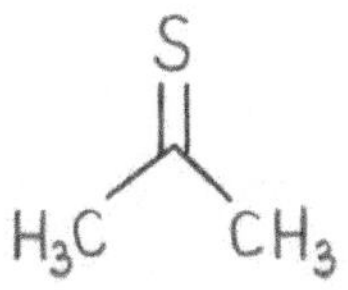

Thioaceton ist in dieser Form allerdings nicht ganz einfach zu gewinnen. Man kann stattdessen ein sogenanntes Trimer herstellen, das im Prinzip aus drei Thioacetonmolekülen besteht, die sich zu einer zyklischen Struktur zusammenschließen. Erhitzt man dieses Trimer, spaltet es sich, und man kann Thioaceton freisetzen:

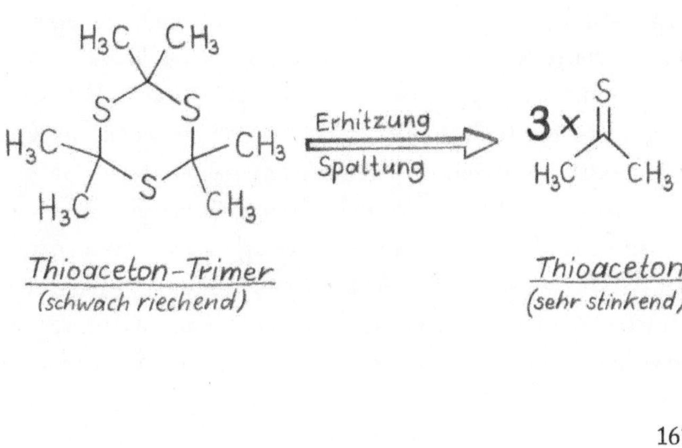

Aber möchte man das? Die ersten Chemiker, die das taten, kamen aus Freiburg. Sie beschrieben ihre Experimente aus dem Jahr 1889 so:

»Als einmal das frisch bereitete Reactionsproduct [...] bei sorgfältiger Kühlung mit Wasserdampf destilliert wurde, verbreitete sich der Geruch in kurzer Zeit bis auf Entfernungen von 3/4 Kilometer bis in weit abgelegene Stadttheile. Bewohner der dem Laboratorium benachbarten Strassen beschwerten sich darüber, dass die riechende Substanz bei manchen Personen Ohnmachtsanfälle, Uebelkeit und Erbrechen bewirkt hatte.«

Woran erkennt man wahre Wissenschaftler? Auch der schlimmste Gestank bringt sie nicht von ihrer Neugier ab. Nur *»ein Sturm von Klagen«* brachte die Chemiker dazu, ihre Versuche aufzugeben. Dabei hatten sie sich von dem stinkenden Molekül zunächst keine bestimmte Anwendung versprochen (vielleicht als Waffe?). Es war einfach nur ein Molekül, dessen Isolierung extrem schwierig war – und das war Grund genug, es zu versuchen! Wissenschaft bedeutet, die Grenzen des Möglichen zu finden.

Die Freiburger Chemiker sind ein früher Beleg dafür, dass organische Chemiker die Verrücktesten unter den Chemikern sind. Finde ich zumindest. Sie sind oft auch diejenigen, die am härtesten arbeiten. Mein Papa ist von Haus aus ein organischer Chemiker, auch wenn er später in die Polymerchemie wechselte. In seiner Doktorarbeit hatte er sich erfreulicherweise mit wohlriechenden Substanzen beschäftigt, unter anderem mit dem Aroma frisch gebackener Brötchen. Entsprechend duftend kam er abends nach Hause, erzählt meine Mama gerne. Mein Mann ist ebenfalls Organiker, aber während seiner Doktorarbeit hatte ich damit wenig Spaß. Matthias' Schreibtisch stand im Labor, es gab kein räumlich getrenntes Büro. Bei mir war das zwar auch so, doch ich hatte mich in meiner Doktorarbeit bewusst für ein möglichst nicht-toxisches Forschungsgebiet entschieden. Matthias hingegen saß jeden Tag in einem Labor mit fünf anderen organischen Chemikern, die tagein, tagaus mit giftigen Substanzen kochten und in ihren eigenen Dämpfen saßen. Zwar arbeitet man im Labor unter einem sogenannten Abzug, also einer Art großer, effizienter Dunstabzugshaube, und eine gute Labortechnik minimiert den Kontakt mit den Chemikalien. Trotzdem wird man den Substanzen zu einem gewissen Maß ausgesetzt. Wir hatten zu Hause extra eine Wäschekiste nur für Matthias' Laborklamotten. Nach der Arbeit musste er diese Plünnen zuallererst ablegen und direkt duschen, vorher fasste ich ihn nicht an. Fast jeden Tag kam Matthias nach Hause und roch nach OC. Wenn allein ich das zu Hause riechen konnte, was musste Matthias dann den ganzen Tag riechen und einatmen? Das Ganze machte mich richtig sauer – ich war sauer auf seinen Chef, auf das gesamte Institut der Organischen Chemie, auf die gesamte Uni. Wie kann es sein, dass man in einem Land wie Deutschland Chemiedoktoranden an einigen Instituten bis heute keine vom Labor abgetrennten Büroräume zur Verfügung stellt?

In der Natur ist Gestank ein Indiz dafür, dass man abhauen sollte. Wir finden zum Beispiel den Geruch von Körperausscheidungen deswegen so abstoßend, damit wir uns fernhalten, weil diese Krankheitserreger beherbergen können. Doch nicht alles, was stinkt, ist auch schädlich, und auch nicht alles, was schädlich ist, stinkt. Das wäre praktisch, aber nicht immer fallen schädliche Stoffe auf.

Als ich mit dem Chemiestudium anfing, hatte ich einen Riesenrespekt vor Säuren. Einer der ersten Versuche, die man im Studium durchführt, ist eine sogenannte **Säure-Base-Tit-**

ration, bei der man mit Salzsäure hantiert. Wir haben uns alle in die Hose gemacht vor Angst, uns zu verätzen. Später gewöhnt man sich allerdings recht schnell daran, mit der Zeit wird man im Labor immer sicherer und handwerklich geschickter. Irgendwann ist man fast dankbar über Säuren, denn sollte doch einmal etwas auf die Haut kommen, merkt man es wenigstens sofort und kann entsprechende Maßnahmen ergreifen. Die fiesesten Chemikalien sind die, von denen du nichts merkst, die aber Jahre später vielleicht zu Krebs führen.

Einer der eindrücklichsten Laborversuche, die uns im ersten OC-Praktikum sauberes Arbeiten beibringen sollten, war die Synthese eines Farbstoffs namens Kristallviolett. Sehr hübsch, man erhält es am Ende in Form von metallisch glänzenden, goldbronzefarbenen, nadelförmigen Kristallen. Der Name Kristallviolett zeigt sich erst, wenn man diese Kristalle in Wasser oder anderen polaren Lösungsmitteln löst. Winzige Mengen reichen aus, um eine intensive blauviolette Farbe zu erhalten. Daher liegt der eigentliche Lerneffekt dieses Versuchs nicht in der Herstellung des Farbstoffs, sondern in der anschließenden Reinigung der benutzten Laborgeräte. Wir schrubbten und schrubbten, und alles wurde nur violetter. So sieht man erst, wie stark man eine Substanz in seinem Laborabzug oder auf seinem Kittel verteilen kann. Da wir diesen Versuch am Anfang des Studiums durchführen mussten, waren wir labortechnisch noch nicht besonders versiert, und die lila Sauerei war entsprechend groß. Selbst Wochen später machte noch die ein oder andere Ecke des Abzugs unter spontaner Violettfärbung auf sich aufmerksam. Daran musste ich immer denken, wenn ich später mit toxischen, aber farblosen Substanzen arbeitete.

Ich vermisse das Labor schon ein wenig. Wenn ich bei Christine bin, werde ich oft nostalgisch. Sie regt das auf, sie sagt, ich solle das nicht so romantisieren. Da ich gerade in meinen Sandalen durch die Sonne spaziere, bin ich auch froh, dass ich nicht mehr im Labor arbeite. Ich hatte fast nie Semesterferien, denn in der vorlesungsfreien Zeit lagen meistens die Laborpraktika. Und während der Doktorarbeit nahm ich mir sowieso wenig Zeit frei. Ich verbrachte also neun Jahre lang fast jeden Sommer im Labor, sprich in langen Hosen, geschlossenen Schuhen und Kittel. Manchmal war es so heiß, dass mir der Schweiß die Schutzbrille beschlug. *Das* vermisse ich sicher nicht.

Eigentlich sind Menschen für heiße Temperaturen gemacht, da wir so schön schwitzen können. Abgesehen von stinkenden Molekülen besteht Schweiß zum größten Teil aus Wasser, und dieses Wasser kann verdampfen. Dieser Wechsel des Aggregatzustands geht nicht von alleine: Die Wassermoleküle, die sich in ihrer flüssigen Form gegenseitig anziehen und aneinander festhalten, müssen voneinander getrennt werden. Dafür muss man Energie reinstecken, zum Beispiel durch Erhitzen. Wenn unser Schweiß verdampfen möchte, kann er sich diese Energie einfach aus unserem warmen Körper holen, und das tut er auch. Er entzieht unserem Körper die Wärme, die er zum Verdampfen braucht, und wir werden dabei aktiv abgekühlt.

So gesehen ist es wirklich dumm, dass wir Antitranspirantien benutzen. Versteht mich nicht falsch, ich bin absolut für Deos – ich werde nicht gerne dazu gezwungen, früher aus einem Bus auszusteigen, weil jemand seine *trans*-3-Methyl-2-hexensäure nicht unter Kontrolle hat. Aber Deodorants und Antitranspirantien sind zwei verschiedene Sachen.

Deodorants bekämpfen nur den Gestank. Sie enthalten antibakterielle Stoffe, wie zum Beispiel Alkohol. Schweiß an sich stinkt nämlich gar nicht. *trans*-3-Methyl-2-hexensäure und Co. sind nur Stoffwechselprodukte von Bakterien. Schon wieder diese Bakterien! Wenn man will, kann man Menschen lediglich als wandelnde Ökosysteme für Bakterien betrachten. Eigentlich sind es diese kleinen Einzeller, die unseren Planeten dominieren, und zwar sehr geschickt, indem sie zum Beispiel unbemerkt in unseren Achselhöhlen hausen. Wenn unser geruchloser Schweiß durch die Poren austritt, wird er dort sofort von den Bakterien aufgemampft, die dann verschiedene Stink-Moleküle ausrülpsen. Antibakterielle Inhaltsstoffe machen diesen Bakterien das Leben schwer, und gepaart mit ein bisschen Parfüm machen Deos jede Busfahrt angenehm für alle Beteiligten.

Antitranspirantien hingegen enthalten zusätzlich Aluminiumsalze, welche Proteine in unseren Achselhöhlen **ausfällen.** Das bedeutet nichts anderes, als dass diese Aluminiumsalze kleine Minipfropfen bilden, die unsere Schweißporen verstopfen, sodass da kein Schweiß mehr rauskommt. Nicht gerade die eleganteste Lösung, finde ich. Stellt euch das mal bildlich vor: verstopfte Schweißporen. Irgendwie ein unangenehmer Gedanke, oder?

Aluminiumsalze sind heutzutage ja ohnehin verschrien, weil manche befürchten, sie könnten Brustkrebs und Alzheimer auslösen. Das sind bisher nur Vermutungen, und es fehlen aussagekräftige wissenschaftliche Belege, aber unabhängig davon finde ich den Gedanken an verstopfte Schweißporen ein bisschen verstörend, auch ohne Brustkrebs. Trotzdem benutze ich regelmäßig Antitranspirantien, weil Schweißflecken unter den Achseln ja peinlich sind. Daher an dieser Stelle meine Frage an die Menschheit: Warum können wir Schweißflecken nicht einfach gesellschaftlich akzeptieren?

Vor mir wird ein hechelnder Hund Gassi geführt. Der Arme hat noch nicht einmal Schweißporen. Ich muss an

Kängurus denken. Die ertragen die Mittagshitze in der australischen Wüste nur, indem sie ihr Fell ablecken, sodass der Speichel beim Verdampfen kühlt. Hunde und Kängurus würden uns auslachen, wenn die wüssten, dass wir uns freiwillig die Schweißporen verstopfen.

Mein Physikerfreund Hannes trägt im Sommer immer Funktionskleidung, damit der Schweiß besser verdampfen kann. Klingt erst mal vernünftig, ist aber ein ziemlich egoistischer Ansatz, der vielleicht davon kommt, dass man Probleme rein physikalisch betrachtet. Denn Polyesterfasern fördern die Vermehrung von Micrococcusbakterien, die unseren Achselbakterien in nichts nachstehen. Deshalb stinken unsere Sportklamotten auch immer so bestialisch.

Eigentlich müsste man eine Art Nasendeo entwickeln. Denn wenn ich aus dem Bus aussteige, weil ich den Schweißgestank nicht ertrage, dann ist es ja eigentlich *mein* Problem und nicht das des stinkenden Herrn. Deshalb müsste man sich eigentlich irgendetwas in die Nase sprühen, das schlechte Gerüche in angenehme umwandelt. Dann könnten sich alle im Sommer schön kühl schwitzen, und keiner würde geruchsbelästigt.

Prinzipiell wäre so eine Technologie durchaus denkbar. In Raumsprays setzt man sogenannte **Cyclodextrine** ein. Das sind käfigartige Moleküle, die schlechte Gerüche buchstäblich einfangen können, da ist die Fernsehwerbung ausnahmsweise gar nicht mal so weit weg von der Realität. Ein paar Cyclodextrine in der Nasenhöhle würden Geruchsstoffe also abfangen können. Das Dumme ist nur, dass die dann auch alle schönen Gerüche abblocken würden, und das wäre sehr schade. Vor allem beim Essen ist unser Ge-

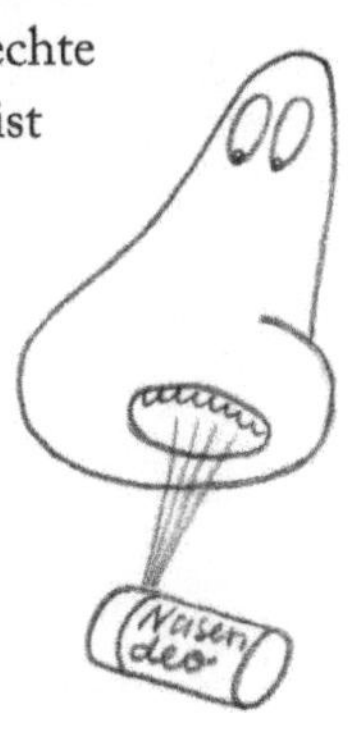

ruchssinn essenziell. Das Geschmackserlebnis kommt nicht nur vom Essen, das unsere Geschmacksknospen auf der Zunge berührt, sondern auch von flüchtigen Aromamolekülen, die vom Essen in unsere Nase steigen. Ein Apfel und eine Zwiebel sind im Geschmack anfangs erstaunlich ähnlich, wenn man sich die Nase zuhält.

Apropos Essen, ich will ja nachher noch Christine und den Dino bekochen, mir fehlt allerdings noch Schokolade für einen ordentlichen Nachtisch. Kommt ihr mit in den Supermarkt?

KAPITEL 10

There's something in the water

An was denkt ihr, wenn ihr das Wort »Chemiker« hört? Eines meiner ersten Bilder eines Chemikers ist mein Papa, wie er im Supermarkt steht, eine Packung von Irgendetwas in der Hand hält und die Liste mit den Inhaltsstoffen liest. Er kann sehr viel Zeit damit verbringen. Mein Papa ist ein Supermarktschmökerer. Als ich ihn als Kind dabei beobachtete, dachte ich immer, wie unglaublich cool es sein muss, die Welt so gut zu verstehen, dass man sie lesen kann wie ein Buch.

Ich bin nicht ganz so schlimm wie mein Papa, aber wenn ich einkaufen gehe, halte ich schon manchmal die Augen offen, insbesondere nach irgendwelchen Marketing-Scams, die frecherweise die allgemeine Chemieunwissenheit ausnutzen. Im Supermarkt komme ich als Erstes durch die Getränkeabteilung. Mir fällt ein Regal mit *Smart Water* ins Auge, eine Mineralwassermarke aus dem Hause Coca-Cola, über die ich mich bereits aufregte, als ich noch in den USA wohnte. Jetzt hat es das Lifestylewasser auch in deutsche Supermarktregale geschafft. *Smart Water* ist kein gewöhnliches Mineralwasser, sondern destilliertes Wasser (sprich reines H_2O), das man mit Mineralen versetzt hat. Am Ende kommt so ziemlich das Gleiche raus wie bei allen anderen Mineralwassern in diesem Supermarkt oder wie bei uns zu Hause aus der Leitung, nur dass der Produktionsaufwand unnötig hoch ist. Ich muss *Smart Water* allerdings zugestehen, dass sie etwas so scheinbar Unattraktives wie Bügelwasser, also destilliertes Wasser, so attraktiv verkaufen. *»Inspired by clouds«* – Wolkenwasser, aww, wie schön.

Sie haben ja recht. Eine Destillation funktioniert tatsächlich ganz nach dem Wolkenprinzip: Erst verdampft das Wasser, dann kondensiert es an einem kühleren Ort wieder. Bei *Smart Water* ist dieser kühle Ort aber nicht der Himmel. In der Praxis beschleunigt man die Kondensation ganz unromantisch mit einem Kühler, und das Wasser läuft kurz nach dem Verdampfen schon wieder flüssig in einen Auffangbehälter.

Dieses Wasser ist nun sehr rein, denn beim Verdampfen lässt es jede Art von möglicher Verunreinigung zurück und kondensiert auf der anderen Seite als pures H_2O. Das klingt zunächst überzeugend, wer möchte nicht reinstes Wasser trinken? Doch auch unser Leitungswasser wird zum Trinken aufbereitet und gereinigt. Außerdem lässt Wasser bei einer Destillation noch etwas ganz Wichtiges zurück: Minerale, sprich Salze. Diese muss man dem destillierten Wasser anschließend wieder hinzufügen, um es in genießbares Mineralwasser zu verwandeln. Das Trinken von destilliertem Wasser ist bei normaler Ernährung zwar nicht lebensgefährlich, wie manchmal behauptet wird, es schmeckt aber einfach nicht. Ihr seht, wie umständlich das Ganze ist. Man könnte argumentieren, dass man durch diese aufwendige Herstellungsweise genau kontrollieren kann, welche Salze am Ende im

Wasser landen. Das stimmt zwar – aber ich wüsste nicht, warum das für erwachsene, gesunde Menschen relevant sein sollte. Die meisten Minerale nehmen wir ohnehin übers Essen zu uns.

Smart Water ist also in erster Linie eine sinnlose Ressourcenverschwendung oder unfassbar smartes Marketing, je nachdem, wie man es betrachtet. Noch schlimmer: Sie nutzen angeblich Quellwasser, also Trinkwasser, das *perfectly fine* ist, wie der Amerikaner sagen würde. Quellwasser ist voller Minerale und durch Gesteinsschichten gefiltert – aber eben kein »Cloud Water«. Und diese Idiotie wird dann als *Unique Selling Point* beworben. *Unique* ist es ja, das muss man ihnen lassen.

Die Kreativität in Sachen Trinkwasser ist scheinbar unerschöpflich: Im Internet kann man »Mondwasser« kaufen, das bei Vollmond abgefüllt wurde. Da kostet eine Flasche so viel wie eine Flasche Wein bei Aldi, aber dafür enthält sie wohl wichtige Mondenergie. Natürlich gibt es auch Sonnenwasser, das bei Sonne abgefüllt wurde. Für wärmere, sonnige Bioenergien, versteht sich. Es gibt auch Edelsteine, die man sich ins Wasser legen soll. Doch der Wunsch nach hoher Wasserqualität beschränkt sich nicht nur auf Esoterik. Wie viele Wasserfilter werden wohl verkauft, die das gewöhnliche Leitungswasser zu Hause in genießbares Tafelwasser verwandeln sollen? Dabei gelten für deutsches Trinkwasser aus der Leitung schärfere Qualitätskriterien als für das Mineralwasser aus dem Supermarkt. So manches teure Markenwasser aus dem Getränkeregal kann mit dem Wasser aus dem Hahn nicht mithalten, sagt auch Stiftung Warentest. Wer also sein stilles Wasser gerne im Supermarkt kauft, weil er eine Lieblingsmarke hat, die ihm besonders gut schmeckt, dem sei der Luxus gegönnt. Aber abgesehen vom eigenen Geschmacksempfinden gibt es in Deutschland selten Gründe, das Leitungswasser zu verschmähen.

Ich finde es immer wieder bemerkenswert, dass sich Menschen so viele Gedanken um Wasser machen, ohne die eigentliche Faszination dieses Stoffs zu erkennen. Wasser braucht weder Vollmondlicht noch Edelsteine, um als magisches Molekül durchzugehen. Deswegen möchte ich an dieser Stelle etwas weiter ausholen, um dieses geniale Molekül zu feiern, dem wir so viel zu verdanken haben.

In *Kapitel 8* habe ich die Bindung innerhalb des Wassermoleküls als polar kovalent bezeichnet. Das Sauerstoffatom hat eine negative Partialladung, die Wasserstoffatome eine positive Partialladung. Außerdem ist das Wassermolekül gewinkelt. Das führt dazu, dass ein sogenannter **Dipol** entsteht mit einem positiven und einem negativen Pol.

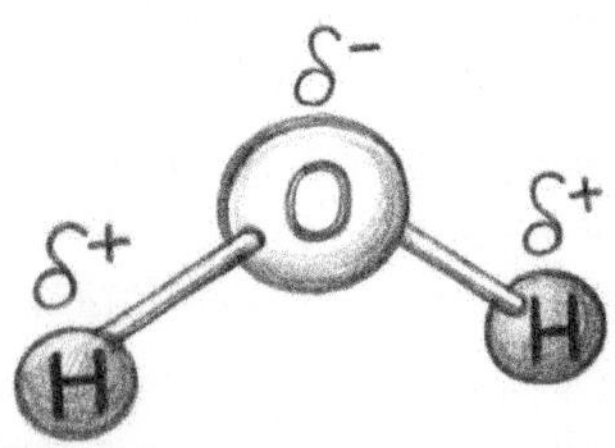

Dipolarität im Wassermolekül

Da sich negative und positive Ladungen gegenseitig anziehen, führt das zu einer sehr wichtigen Eigenschaft von Wassermolekülen: Sie haben nicht nur chemische Bindungen zwischen den Atomen innerhalb eines Moleküls, sondern es herrschen auch relativ starke Wechselwirkungen zwischen verschiedenen Wassermolekülen. Die Anziehungskräfte zwischen den positiven und negativen Teilladungen sind zwar nicht so stark wie die einer Ionenbindung, aber doch so wesentlich, dass sie den Namen »Bindung« tragen dürfen, nämlich **Wasserstoffbrückenbindungen.** Um es aber nicht ganz so lang zu machen, kann man auch nur **Wasserstoffbrücken** sagen.

Wasserstoffbrücken sind nicht nur beim Wassermolekül zu finden. Sie können immer entstehen, wenn Wasserstoff an einen elektronegativen Bindungspartner kovalent gebunden ist. Aber in Wasser lohnt es sich besonders, die Wasserstoffbrückenbindungen genauer anzusehen.

Ohne Wasserstoffbrücken gäbe es uns alle nicht. Es gäbe kein Leben auf dieser Erde. Denn ohne Wasserstoffbrücken wäre Wasser bei dem Druck und den Temperaturen, die auf diesem Planeten herrschen, nicht flüssig, sondern gasförmig. Das sieht man an Molekülen, die ähnlich groß beziehungsweise klein sind wie Wasser, aber keine Wasserstoffbrückenbindungen untereinander ausbilden können, zum Beispiel Methan, CH_4, oder Kohlenstoffdioxid, CO_2: beides Gase unter irdischen Bedingungen.

Dass Wasser bei Atmosphärendruck erst bei 100 °C siedet und gasförmig wird, haben wir den Wasserstoffbrücken zu verdanken, über die sich die Wassermoleküle aneinander festhalten.

Auch Fische sind den Wasserstoffbrücken dankbar, denn Teiche und Seen frieren selbst im härtesten Winter selten bis zum Boden durch. Warum das nicht passiert, hat etwas mit der Dichte zu tun. Denn wie wir alle wissen, schwimmt Eis auf Wasser. Und obwohl wir das regelmäßig beobachten, etwa anhand der Eiswürfel in unserem Getränk, wundern wir uns nicht genug darüber.

Denken wir doch noch einmal ans Teilchenmodell aus *Kapitel 1.* Die Aggregatzustände fest, flüssig und gasförmig definieren sich über die Teilchendichte. Im Feststoff sitzen die Teilchen besonders dicht zusammen, in einer Flüssigkeit haben sie etwas mehr Bewegungsfreiraum und sind daher weniger dicht, und in einem Gas ist die Dichte am geringsten. Deshalb kann man entweder durch Druck oder Temperatur die Aggregatzustände wechseln. Erhöht man den Druck, presst man die Teilchen enger zusammen, die Dichte wird größer. So kommt man unter Druck vom Gas zur Flüssigkeit und schließlich zum Feststoff. Senkt man stattdessen die Temperatur, verringert man die Teilchenbewegung, die Teilchen brauchen weniger Platz, was ebenfalls zu einer höheren Dichte führt. So kommt man unter Abkühlen vom Wasserdampf zu flüssigem Wasser und schließlich zu Eis.

Aber – Moment mal! Wenn jetzt aber Eis (festes H_2O) auf Wasser (flüssigem H_2O) schwimmt, heißt das, die Dichte von Eis ist geringer als die von Wasser – und das ist ziemlich unerhört! Wie kann es sein, dass die Flüssigkeit dichter ist als der Feststoff? Ihr ahnt es: Wegen der Wasserstoffbrücken. Man nennt diese Kuriosität die **Dichteanomalie des Wassers.** Kühlt man Wasser ab, verhält es sich zunächst ganz normal: Die Dichte steigt mit abnehmender Temperatur, so wie es sich nun einmal gehört. Die Teilchen werden immer langsamer, und die Wasserstoffbrücken können sich immer besser ausbilden und dadurch die Teilchen näher zusammenziehen. Doch bei 4 °C erreicht Wasser seinen dichtesten Punkt. Danach passiert das Komische: Kühlt man weiter runter auf 0 °C, nimmt die Dichte wieder ab, das heißt, die Wassermoleküle rücken wieder weiter auseinander.

Warum tun sie das? Weil die Teilchenbewegung dadurch so langsam wird, dass die Wassermoleküle erst jetzt die nötige Zeit und Ruhe bekommen, um sich so richtig ordentlich zu arrangieren: Sie beginnen sich symmetrisch anzuordnen, bis sie ein Eiskristallgitter bilden. Diese geordnete Struktur kann man an Schneeflocken oder Eiskristallen quasi mit dem bloßen Auge beobachten. Denn die symmetrischen Muster einer Schneeflocke sind nur das Ergebnis einer symmetrischen Ordnung der Atome im Innern. Im Eiskristall ist jedes Sauerstoffatom von vier Wasserstoffatomen umgeben. An zwei davon ist es kovalent gebunden, an die anderen beiden über Wasserstoffbrückenbindungen. Diese Gitterstruktur hat verhältnismäßig große Hohlräume und daher eine geringere Dichte.

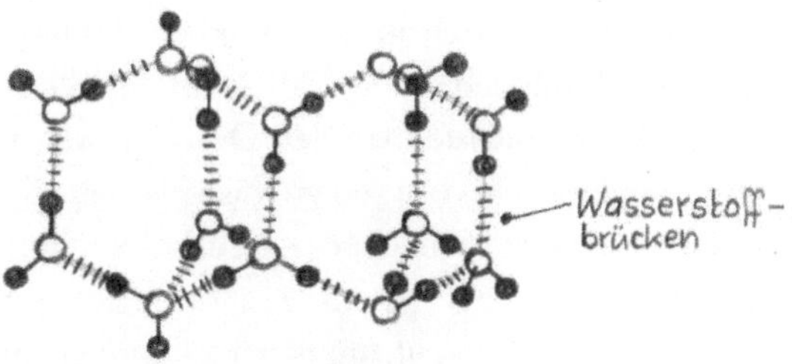

Eiskristallgitter

Und warum ist das jetzt so wichtig für die Fische im See?

Wenn im Winter das Wasser abkühlt, sinkt es zu Boden, denn je kälter, desto dichter (umgangssprachlich sagt man oft »schwerer«). Da es bei 4 °C am dichtesten ist, hat das Wasser am Boden eine Temperatur von 4 °C, nach oben hin wird es graduell kälter. Irgendwann beginnt die Oberfläche des Sees zu gefrieren – und zwar von oben nach unten. Gäbe es die Dichteanomalie des Wassers nicht, dann wäre Eis schwerer als Wasser, und der See würde von unten nach oben gefrieren. Würde von unten das Eis hochrücken und von oben die kalte Winterluft dazukommen, würde der See viel eher komplett durchfrieren. Da Seen von oben nach unten gefrieren, wirkt die Eisschicht wie ein Isolator für die darunterliegenden

Wasserschichten, und die Fische haben den Winter über flüssiges Wasser zum Herumschwimmen. Und Atmen.

Auch der Mensch hat im Winter Freude an der Dichteanomalie des Wassers, denn ohne sie wäre Schlittschuhlaufen ziemlich lahm. Eigentlich ist Schlittschuhlaufen eine absolute Kuriosität, wenn man genau darüber nachdenkt. Denn warum funktioniert das eigentlich nur auf Eis? Warum kann man nicht auf jedem beliebigen Feststoff, etwa auf Straßenasphalt, Schlittschuhlaufen? Weil wir bei Eis den Feststoff in Wirklichkeit gar nicht berühren! Wir hovern auf einer dünnen Wasserschicht, die sich in dem Moment bildet, in dem wir mit unserer Schlittschuhkufe Druck auf das Eis ausüben. Bei anderen Stoffen müsste man den Druck senken, um den Aggregatzustandswechsel von fest zu flüssig zu schaffen. Aber die Anomalie des Wassers macht es möglich: Erhöhter Druck presst die Teilchen enger zusammen, sie geben ihr weitmaschiges Eiskristallgitter auf, um näher zusammenzurücken, und es bildet sich eine flüssige Schicht, auf der wir mühelos dahingleiten können. Eine Ameise mit Minischlittschuhen könnte also nicht Schlittschuh laufen, da sie zu leicht wäre und nicht genug Druck ausüben würde, um die nötige Wasserschicht herzustellen. Für sie wäre es tatsächlich wie Schlittschuhlaufen auf Asphalt.

Dafür können manche Insekten übers Wasser laufen, der sogenannte Wasserläufer wurde sogar nach dieser Fähigkeit benannt. Auch das ist nur dank Wasserstoffbrücken möglich. Denn durch den inneren Zusammenhalt zwischen den Wassermolekülen hat flüssiges Wasser eine relativ hohe **Oberflächenspannung,** die wir in *Kapitel 3* schon einmal bei den Seifenblasen angesprochen haben. Ihr könnt euch das ein bisschen vorstellen wie einzelne Holzstämme, die erst durch Zusammenbinden ein Floß ergeben. Würde jedes Wassermolekül einfach nur für sich herumschwimmen, würde der Wasserläufer sofort untergehen. Aber da sich die Moleküle über Wasserstoffbrücken aneinander »festhalten« (eine Art Floß bilden), entsteht eine feine Vernetzung, die einen Wasserläufer tragen kann.

Mit einer Büroklammer kann man das sehr schön zu Hause beobachten. Legt man eine Büroklammer vorsichtig auf eine Wasseroberfläche, schwimmt sie. Und das, obwohl die

Büroklammer aus Metall besteht und eine höhere Dichte hat als Wasser (»schwerer ist«, umgangssprachlich gesagt). Eigentlich dürfte die Büroklammer also gar nicht schwimmen, aber die Oberflächenspannung des Wassers trägt sie. Wenn man diese Spannung herabsetzt, indem man einen Tropfen Spülmittel ins Wasser gibt und damit ein paar Tenside auf die Wasseroberfläche loslässt, »weicht das Floß auf«, und die Büroklammer geht – plop! – sofort unter.

Wasser ist aber vor allem ein wichtiges **Lösungsmittel.** Die für uns lebenswichtigen Substanzen wie Salze und Nährstoffe werden in Wasser gelöst. Auch der Mensch selbst besteht zum größten Teil aus Wasser, und all unsere Stoffwechselreaktionen im Körper spielen sich in wässriger Lösung ab. Unsere Nieren, die Müllfilter unseres Körpers, spülen mithilfe von Wasser den Abfall in Form von Urin hinaus. Wenn es nicht als Transport- oder Lösungsmittel dient, wird Wasser als chemisch aktiver Reaktionspartner in andere Stoffe eingebaut und umgewandelt. Und seine Rolle als Kühlmittel Schweiß haben wir ja schon in *Kapitel 9* besprochen.

Aber das alles reicht den Menschen anscheinend nicht an Faszination. Unweit vom *Smart Water* entdecke ich ein Regal mit »Sauerstoff-Wasser« – Mineralwasser, das mit extra Sauerstoff angereichert wurde. Besonders zu empfehlen für sportlich Aktive, so heißt es. Klingt erst mal einleuchtend, denn der Sauerstoffgehalt im Blut spielt eine wesentliche Rolle für unsere sportliche Leistung. Deswegen ist Epo (kurz für Erythropoetin) ein so beliebtes Dopingmittel bei Ausdauersportlern, da die Substanz die Anzahl roter Blutkörperchen erhöht. Je mehr rote Blutkörperchen, desto mehr Sauerstoff kann durch das Blut zu den Muskeln transportiert werden. Ist Sauerstoff-Wasser also eine Art legales Soft-Doping?

Das kann man zum Glück (oder leider?) so nicht sagen. Erstens, selbst wenn man reinen Sauerstoff einatmet, kann man seine maximale Sauerstoffaufnahme um gerade einmal 5 bis 10 Prozent steigern, weil unser Blut gar nicht viel mehr Sauerstoff aufnehmen kann. (Es sei denn natürlich, man nimmt Epo.) Übrigens sollte man keinen reinen Sauerstoff einatmen, das wird nach spätestens ein bis zwei Stunden ziemlich gefährlich, da Sauerstoff einen kleinen, aber fiesen Teil reaktiver Sauerstoffradikale enthält, die die Lunge angreifen können. Also stattdessen gelösten Sauerstoff trinken?

Da kommen wir schon zum zweiten Problem, nämlich: Sauerstoff ist in Wasser gar nicht so superlöslich. Wie gut ein Gas in Wasser löslich ist, hängt vor allem vom Druck ab. Unter hohem Druck löst sich Gas besser in Wasser, deswegen werden auch Sprudelflaschen unter Druck befüllt, damit möglichst viel CO_2 im Wasser gelöst wird. Das merkt man, wenn man eine neue Flasche Sprudel öffnet: Der Druck sinkt schlagartig, und es entweicht direkt ein ganzer Batzen CO_2-Gas. Genau dasselbe passiert auch mit gelöstem Sauerstoff, nur dass Sauerstoff noch deutlich schlechter löslich ist als CO_2. Das führt dazu, dass man mit einem einzigen Atemzug frischer Luft genauso viel Sauerstoff zu sich nimmt wie mit einem ganzen Liter eines solchen sauerstoffangereicherten Wassers.

Und zuletzt haben wir noch das Problem, dass unser Verdauungssystem nicht für Gasaustausch gemacht ist. Es ist deutlich sinnvoller, die Sauerstoffversorgung über die Lunge zu lösen, die nun einmal dafür da ist. Wenn wir Sauerstoff einatmen, gelangt das Gas aus unseren Lungen ins Blut. Dasselbe kann man von Magen und Darm nicht sagen. Gase, die wir über Getränke zu uns nehmen, gelangen nur zu einem winzigen Teil ins Blut, der Rest wird unelegant ausgerülpst. Wer aber seine Rülpser mit Sauerstoffgas anreichern will, dem sei so ein Sauerstoff-Wasser empfohlen.

Und nur um wirklich sicherzugehen, wurde das Ganze aber auch noch experimentell untersucht: Führt das Trinken von Sauerstoff-Wasser zu einer messbaren Leistungssteigerung? Man fand keine Hinweise auf irgendeine Wirkung. Trotzdem ist der Placebo-Effekt wahrscheinlich nicht zu vernachlässigen. Allein der Glaube daran, dass ein Wasser fit macht, kann bereits fit machen. Insofern – verzeiht mir die Aufklärung – dürfte der Placebo-Effekt bei euch jetzt nicht mehr wirken. Aber dafür könnt ihr euch das Geld für irgendwelche seltsamen Wasserprodukte sparen, die nicht viel mehr als Marketing-Gags sind.

Die Mythen rund ums Wasser sind vielfältig. Besonders hartnäckig hält sich die Angst, dass Wasser mit Kohlensäure schädlich sein könnte. Kohlensäure ist, wie der Name schon sagt, eine Säure. Während stilles Wasser knapp unter einem neutralen pH-Wert von 7 liegt, kommt man mit Sprudelwasser auf tiefere pH-Werte von bis zu 5. Das hat einerseits einen leicht antibakteriellen Effekt, wir erinnern uns an die sauren Konservierungsstoffe aus *Kapitel* 7. Bei saurem pH-Wert fällt es Mikroorganismen schwerer, sich zu vermehren. Aber bei einem pH-Wert von 5 kann unser Verdauungssystem eigentlich nur mit den Schultern zucken, denn wir nehmen täglich viele saure Lebensmittel zu uns. Obst, Kaffee, Schokolade oder Milchprodukte enthalten Säuren. Spätestens im Magen treffen diese Lebensmittel auf die Magensäure, die einen pH-Wert von 1 besitzt und damit so sauer ist, dass sie selbst vom spritzigsten Classic-Sprudel absolut unbeeindruckt bleibt. So gesehen ist es nun wirklich egal, ob unser Trinkwasser nun ein bisschen saurer ist oder nicht. Das gilt vor allem für Kohlensäure, denn ist das CO_2 erst mal raus – und sei es erst durch einen dezenten Rülpser nach einem Glas Sprudel –, ist die Säure auch schon weg. Denn Kohlensäure ist nichts anderes als in Wasser gelöstes CO_2.

2017 machten allerdings palästinensische Forscher Schlagzeilen, indem sie behaupteten, Kohlensäure beziehungsweise CO_2-haltiges Mineralwasser mache hungrig. Durch den Druck im Magen soll nämlich das sogenannte Hungerhormon Ghrelin aktiviert werden. Diese Meldung schlug in Deutschland, dem Land des Sprudels, natürlich ein. Mich überzeugt die Studie alleine noch nicht. Erstens war das bisher nur eine Studie an Ratten, und zweitens spielen neben Ghrelin noch viele andere Hormone und Faktoren eine Rolle bei der Appetitregelung. Es ist ein interessanter erster Hinweis, allerdings weit entfernt von einem Beweis, dass Sprudel den Appetit tatsächlich anregt.

Doch manche sind mit stillem Wasser trotzdem besser beraten. Was Sprudel so erfrischend macht, ist nicht nur der spritzig-säuerliche Geschmack, sondern sind auch die CO_2-Bläschen, die gegen unseren Gaumen ploppen. Das CO_2-Gas sorgt für Unruhe im Magen und für vermehrtes Aufstoßen. Für Menschen, die an Sodbrennen, häufigen Blähungen oder einer Magenentleerungsstörung leiden, ist es besser, den Magen nicht mit mehr Gasen zu befüllen als nötig.

Am Ende kann man sagen: Ob still oder sprudelnd – Hauptsache, es schmeckt und man trinkt genug davon. Wenn energetisches Mondwasser jemanden davon abhält, viel Cola zu trinken, na, dann meinetwegen. Da schadet man höchstens seinem eigenen Geldbeutel. Ich kann wie gesagt nur das gute deutsche Leitungswasser empfehlen, das trinke ich zu Hause auch.

Ich verlasse die Getränkeabteilung und steuere das Süßwarenregal an. Denn klar, süße Sachen sind traumhaft. Ich würde auch nicht darauf verzichten wollen, aber ich esse viel lieber und mit viel besserem Gewissen Schokolade, als dass ich Cola trinke. Zuckrige Getränke sind deswegen so tückisch, weil es sich hier um »leere Kalorien« handelt. Man nimmt bloß Kalorien auf, ohne weitere Nährstoffe und ohne dass man sich danach besonders satt fühlt. Am gefährlichsten sind wahrscheinlich fertige Smoothies, die man heutzutage in jedem Supermarkt bekommt, denn da hat man leicht das Gefühl, dass man sich gerade etwas Gutes tut, und trinkt wohlmöglich deswegen umso mehr. Doch die meisten Smoothies enthalten genauso viel Zucker wie Cola, manche sogar mehr. Ihr könnt ja beim nächsten Supermarktbesuch einmal selbst Inhaltsstoffe schmökern. Referenzwert ist Cola mit rund elf Gramm Zucker pro 100 ml.

Smoothies wirken besonders gesund, weil sie zu »100 Prozent aus echtem Obst« bestehen. Doch leider ist das trotzdem nicht dasselbe wie echtes Obst. Denn damit die Smoothies besonders smooth zu trinken sind, werden oft Obstschalen weggelassen und Säfte hinzugesetzt. Die Zuckerdichte ist somit höher im Vergleich zu normalem Obst, das voller Ballaststoffe ist. Von Fertig-Smoothies kann man problemlos große Mengen trinken, doch die entsprechende Menge an Obst würde man nicht schaffen zu essen, weil man vorher satt wäre.

Aber eins ist besonders interessant: Selbst wenn man zu Hause ganzes Obst püriert, um es zu trinken, ist es weniger befriedigend, als es zu essen – sagt die Wissenschaft. Allein die Konsistenz unserer Nahrung hat Einfluss auf unser Sättigungsgefühl, und flüssige Nahrung macht gefühlt weniger satt als feste. Deswegen greife ich mir guten Gewissens drei Tafeln feste Schokolade und mache mich auf den Weg zur Kasse.

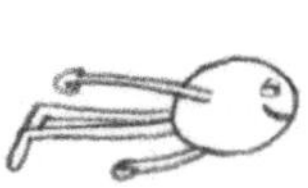

KAPITEL 11

Küchentherapie

Es klingelt an der Tür, und ich zucke zusammen. Ich habe doch gar nichts bestellt? Christine und den Dino erwarte ich erst in einer Stunde. Eher noch später, denn Christine kommt zu privaten Treffen grundsätzlich zu spät. Für ein paar Sekunden verharre ich in einer Art Angststarre, bis ich mich daran erinnere, dass ich ein erwachsener Mensch bin, und zur Tür gehe.

Diese Klingelphobie geht zurück auf den Anfang meiner Studienzeit. Mein erster Mitbewohner gab mir nämlich einen überlebenswichtigen Rat: Niemals – NIEMALS – die Tür öffnen! Freunde kamen ja nie unangekündigt vorbei, und zu den Nachbarn hatte man keinen Kontakt. Amazon und Co. gab es auch noch nicht. Da konnte das Schellen der Türklingel eigentlich nur Schlechtes bedeuten, entweder die Zeugen Jehovas oder, noch schlimmer, die GEZ! Wenn ich damals gewusst hätte, dass ich mal beim öffentlich-rechtlichen Rundfunk lande …

Ich öffne die Tür und sehe, zu meinem großen Erstaunen, Christine.

»Das wird heute nichts mehr mit Arbeiten«, sagt sie.
»Küchentherapie?«, frage ich.
»Küchentherapie!«, ruft Christine und reißt die Arme nach oben.

Wenn wir über die Doktorarbeit frustriert waren – und das waren wir oft –, trafen Christine und ich uns bei mir und kochten uns mit einem Drei-Gänge-Menü den Frust von der Seele. Küchentherapie eben. Es ist schon länger her, dass wir zusammen gekocht haben, und ich freue mich so sehr darüber, dass ich Christine direkt ein Glas Wein einschenke. Das muss gefeiert werden.
»Wo ist der Dino?«, frage ich.
»Der kommt nach, der hat noch eine Reaktion am Laufen.« Christine nimmt einen Schluck und hat dabei ein sichtbar schlechtes Gewissen, weil der Dino noch arbeitet, sie aber Wein trinkt. Dabei ist das der erste Abend seit etwa einem Monat, an dem sie das Labor vor 20 Uhr verlassen hat. Forschung erfordert eine hohe Frustrationsgrenze. Manchmal arbeitet man wochen-, vielleicht sogar monatelang an der Bestätigung einer bestimmten Hypothese, nur um eines Tages anhand eines kleinen Experiments herauszufinden, dass der ganze Ansatz großer Mist und all die Arbeit umsonst war. Daten können so hart sein. Wir machen ja alle Fehler und werden uns derer immer wieder bewusst – aber wenn dir dein eigenes Versagen in Form von Zahlen und Messwerten vor Augen geführt wird, ist das ein besonders demütigender Prozess. (Ich bilde mir gerne ein, dass das den Charakter formt. Aber Menschen wie King K beweisen leider das Gegenteil.) Forschung dauert außerdem frustrierend lange, was eine schwierige Mischung aus Geduld und Entschlossenheit fordert. Es kann Jahre dauern, bis man irgendeinen nennbaren Fortschritt sieht, obwohl man jede Menge Schweiß, Hirn

und Herzblut vergießt. Kochen ist für Christine und mich deshalb unglaublich befriedigend: Es ist ganz ähnlich wie Laborarbeit, nur ist man sehr schnell beim Endprodukt. Und kann das auch noch essen. Besser geht's gar nicht.

»Was ist der Plan?«, fragt Christine.

»Fondant au Chocolat zum Nachtisch«, sage ich, »ansonsten ist noch alles offen. Schau einfach mal in den Kühlschrank.«

Meistens haben wir kein Rezept, und das genießen wir regelrecht. Während im Labor alles bis aufs Mikrogramm genau sein muss, kann man in der Küche alles nach Gefühl machen, und es klappt trotzdem. Meistens zumindest. Das kann für Chemiker unglaublich befreiend sein. Natürlich hilft ein gewisses chemisches Grundverständnis dabei, die Sachen nicht völlig in den Sand zu setzen. Ich habe schon von klein auf Chemie mit gutem Essen und Kochen verbunden.

Kochen ist die eine Sache – Backen ist, chemisch gesehen, noch mal eine Geschichte für sich. Wenn Menschen sagen, dass sie gerne kochen, aber nicht so gerne backen, liegt es vielleicht daran, dass man beim Backen nicht ganz so einfach improvisieren kann. Backen ist tatsächlich pure Chemie. Wenn man ohne Rezept vorgeht, muss man beim Backen schon einiges an Erfahrung oder Wissen mitbringen, damit es trotzdem funktioniert. Beim Kochen vertut man sich vielleicht mal mit dem Würzen, oder man gart etwas zu lange oder zu kurz. Beim Backen kann es fataler enden. Der Kuchen fällt komplett in sich zusammen, oder die Plätzchen zerlaufen auf dem Backblech zu einer großen Platte. Christine und ich kennen die Grundregeln, gehen aber beim Backen meistens von einem bestehenden Rezept aus, das wir mit der Zeit optimieren, bis wir unsere eigene Version davon entwickelt haben.

Während wir das Festmahl zubereiten, möchte ich euch am Beispiel Fondant au Chocolat die faszinierende Chemie des Backens vorstellen. Das Wissen wird euch zugutekommen bei allem, was ihr in Zukunft backen werdet. Und mein persönliches Fondant-au-Chocolat-Rezept gibt es natürlich auch noch dazu.

Fondant au Chocolat ist ein kleiner, warmer Schokokuchen mit flüssiger Füllung. Meiner Meinung nach eines der traumhaftesten Desserts, und dabei so einfach. Das Rezept beginnt mit einem der göttlichsten Dinge auf Erden: Schokolade! 230 Gramm davon, am besten zartbitter, sprich 45 bis 60 Prozent Kakaoanteil. Ich habe lieber etwas mehr Kakao. Kakao enthält so einige spannende Moleküle, zum Beispiel **Theobromin.** Theobromin sieht fast genauso aus wie Koffein:

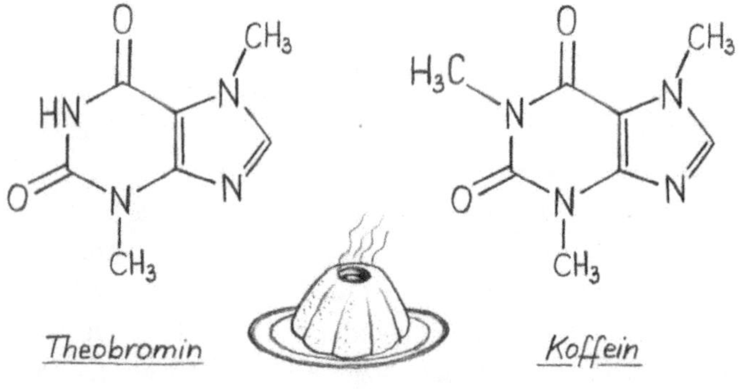

Und es funktioniert auch fast genauso wie Koffein (wir erinnern uns an *Kapitel 7,* an Adenosin und an seinen »Rezeptor-Parkplatz«). Theobromin konkurriert auch mit Adenosin um den Rezeptorplatz. Nun macht Schokolade manche vielleicht so glücklich, dass sie vor Euphorie munter werden, aber trotz verblüffender Ähnlichkeit in der chemischen Struktur ist Theobromin ein deutlich schwächerer Wachmacher als Koffein. Unter anderem passt Theobromin nicht ganz so gut in die Parklücke wie Koffein und kann die Adenosinmoleküle nicht ganz so aggressiv verdrängen. In den Konzentrationen, in denen wir Theobromin zu uns nehmen, muss man sich aber keine Sorgen machen, dass man von Schokolade abends schlecht einschläft.

Doch genau wie Koffein ist Theobromin ab einer gewissen Menge giftig (die Dosis macht das Gift). Erfreulicherweise müssten wir allerdings unmögliche Massen an Schokolade vertilgen, bevor uns eine Theobrominüberdosis gefährlich werden würde. Lange vorher würden wir uns entweder übergeben oder einfach angeekelt aufgeben. Gefährlicher ist es für Hunde, für sie liegt die tödliche Theobromindosis deutlich tiefer, vor allem weil sie Theobromin viel langsamer verstoffwechseln. Während unser Körper den potenziell giftigen Wachmacher schnell in andere, harmlose Moleküle umwandelt, ist die Theobrominchemie der Hunde nicht so fix, sodass sich das Molekül im Körper ansammelt. Die Folgen sind Herzrasen, Muskelkrämpfe, Übelkeit, Erbrechen – bis hin zum Tod. Wenn ihr also einen Schokoriegel genießt und euer Hund euch mit großen Hundeaugen anschaut, dann werdet bloß nicht weich!

Während das Schokoverbot für Hunde recht bekannt ist, gilt dasselbe übrigens auch für Katzen. Die haben aber einen Vorteil gegenüber Hunden und fast allen Säugetieren: Sie können Süßes nicht schmecken. Die Proteine, welche in unseren Geschmacksknospen auf der Zunge sitzen, sind bei Katzen so verändert, dass sie Zucker und Kohlenhydrate nicht wahrnehmen und auch kein entsprechendes Signal ans Gehirn weiterleiten. Deshalb wird eine Katze weniger neidvoll auf den Schokoriegel schauen, weil sie die Wonne der

Süßigkeit gar nicht nachvollziehen kann. Trotzdem sollte man seinen Schokovorrat vorsorglich auch vor der Katze verstecken. Die Neugier von Katzen ist schließlich unersättlich, wie viele YouTube-Videos beweisen.

Wir Menschen können dankbar sein, dass wir Theobromin so gut vertragen. Denn obwohl Schokolade vor allem aus Zucker und Fett besteht, ist es doch die Kombination mit Kakao, die Schokolade so unwiderstehlich macht.

Die Schokolade schmelze ich jetzt in einem Wasserbad. Gewitzte Bäcker können Schokolade auch in der Mikrowelle schmelzen, aber es gibt wenig Befriedigenderes, als Schokolade zu rühren und ihr beim Schmelzen zuzusehen (und dazu der Duft!). Der Vorteil eines Wasserbades: Das Wasser kann – unabhängig von der Temperatur der Herdplatte – nur so heiß werden wie seine Siedetemperatur, sprich maximal 100 °C. Dadurch vermeidet man ein Überhitzen der Schokolade, was ein unschönes Ergebnis hätte: Die Schokolade würde klumpig und unansehnlich werden.

Beim Überhitzen merkt man erst, dass Schokolade aus Zutaten besteht, die eigentlich gar nichts miteinander zu tun haben möchten: Zucker und Fett. Denn Zucker ist ein hydrophiler und polarer Stoff, Fett ein hydrophober und unpolarer Stoff. Die gleichmäßige Mischung wird durch Lecithine gewährleistet, eine Klasse von Tensiden, die typischerweise aus Sojabohnen extrahiert werden. Genau wie die Tenside in unserem Shampoo sind auch Lecithine amphiphile Moleküle, die als **Emulgator** wirken. Sie setzen sich an die Grenzflächen zwischen Zucker und Fett und stabilisieren die Mischung. Wenn wir Schokolade nun überhitzen, können die Lecithine ihre Aufgabe nicht mehr erfüllen, und wir haben den Salat. Beziehungsweise, wir haben Klumpen aus Kakao- und Milchfett und andere Klumpen aus Zucker und Kakaopartikeln.

Das Gefährliche am Wasserbad ist allerdings, dass das Wasser nicht in die schmelzende Schokolade gelangen darf. Am besten bringt man es also erst gar nicht zum Sieden, damit es nicht sprudelt und aus Versehen ein Tropfen Wasser in der Schokolade landet. Ein warmes Wasserbad reicht völlig aus, Schokolade schmilzt ja bereits im Mund, besonders hohe Temperaturen sind also gar nicht nötig. Wenn Wasser in die schmelzende Schokolade gelangt, kommt ein besonders hydrophiler Player ins Spiel, der das Feld aufmischt. Wasser und Zucker finden sofort zusammen. Jeder kennt die großen Zuckerklumpen in der Zuckerdose, die bereits bei kleinsten Wassermengen entstehen. Und so etwas Ähnliches passiert nun auch in der Schokolade, kleinste Wassermengen führen zu Klumpen, die man so leicht nicht mehr loswird.

Die Schokolade soll aber nicht alleine schmelzen, ich gebe noch 120 Gramm Butter hinzu – oh, das viele schöne Fett! (Was soll ich sagen, ich bin lipophil!) Ich finde es ziemlich interessant, wie über Fette und Öle im Alltag gesprochen wird: »gesättigte Fettsäuren«, »ungesättigte Fettsäuren«, »Transfette«, »Omega-3-Fettsäuren« – selten hört man im Alltag so viel chemisches Vokabular. Das ist schön, aber ich befürchte, dass trotz regelmäßigen Gebrauchs nicht ganz klar wird, was die verschiedenen Begriffe nun *wirklich* bedeuten. Also, wie wäre es mit ein bisschen chemischer Fettkunde?

Von der Verseifung wissen wir bereits: Fette und Öle bestehen aus sogenannten **Triglyceriden**, einem Zusammenschluss aus drei **Fettsäuren.** Fettsäuren sind langkettige Moleküle, genau genommen lange Ketten aus C-Atomen. In jeder C-C-Bindung steckt Energie, die der Körper im Rahmen des Stoffwechsels für sich herausholen kann. Fette sind dabei die energiereichsten Nährstoffe. »Fantastisch!«, denkt sich unser Körper, der in der Jäger-und-Sammler-Zeit hängen geblieben ist. Wir lieben Fett, damit wir diese wertvolle Energiequelle auch ja verschlingen, wenn wir sie denn einmal finden. Dummerweise finden wir es heutzutage an jeder Ecke, und an dieser Stelle wird aus einem wertvollen Energielieferanten ein ungesunder Luxus.

Aber Fett ist nicht gleich Fett: Ungesättigte Fettsäuren sind gut, gesättigte Fettsäuren sind schlecht! So heißt es. Stimmt das, und wie genau unterscheiden sich ungesättigte und gesättigte Fettsäuren überhaupt?

Also: Jedes Kohlenstoffatom kann vier Bindungen ausbilden. Innerhalb einer Fettsäurekette ist jedes C-Atom an zwei weitere C-Atome gebunden – hat also noch zwei Bindungen zu vergeben. Wenn man nun an jedes C-Atom der Kette zwei H-Atome dranhängt, handelt es sich um eine **gesättigte Fettsäure.** Die heißen also gesättigt, weil sie mit Wasserstoff gesättigt sind.

Ungesättigte Fettsäuren enthalten hingegen C=C-Doppelbindungen. Für jede Doppelbindung muss man zwei H-Atome rausschmeißen. An jedem doppelt gebundenen C-Atom hängt also nur ein H-Atom – daher »ungesättigt«.

Jetzt unterscheidet man außerdem zwischen **einfach und mehrfach ungesättigten Fettsäuren.** Das bezieht sich auf die Anzahl der Doppelbindungen. Eine Doppelbindung: einfach ungesättigt, mehrere Doppelbindungen: mehrfach ungesättigt.

Vielleicht merkt ihr schon – die nächsten Abschnitte werden etwas Konzentration verlangen, weil die chemische Fettkunde sprachlich so unglücklich ist. »Gesättigt« und »ungesättigt« verwechselt man beim schnellen Lesen sehr leicht, das geht selbst mir so.

Außerdem assoziiert man mit dem »un« von »ungesättigt« automatisch etwas, das fehlt. Und ja, es sind die H-Atome, die bei ungesättigten Fettsäuren fehlen. Doch das juckt uns eigentlich gar nicht so sehr. Es ist die Anwesenheit der Doppelbindungen, um die sich bei ungesättigten Fettsäuren alles dreht. Oder eben nicht dreht – wörtlich genommen kann sich um eine Doppelbindung gar nichts drehen.

Was ich damit meine, könnt ihr mithilfe von Cherrytomaten und Zahnstochern nachvollziehen. Wenn ihr zwei Cherrytomaten mit einem Zahnstocher verbindet, dann entspricht das einer Einfachbindung. Ihr könnt beide Cherrytomaten problemlos gegeneinander verdrehen, eine Einfachbindung ist also frei beweglich. Wenn ihr die beiden Cherrytomaten allerdings mit zwei parallelen Zahnstochern verbindet, erhaltet ihr ein Modell einer Doppelbindung. Diese Bindung ist nun starr, ihr könnt die Tomaten nicht mehr gegeneinander verdrehen, ohne dass ihr sie kaputt macht.

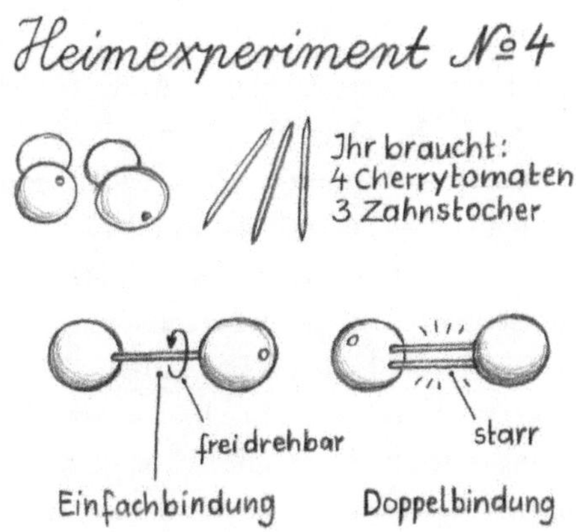

Was folgt nun daraus? Jede Doppelbindung ist ein starres Gelenk. Bei ungesättigten Fettsäuren macht dieses starre Gelenk in der Regel einen »Knick«:

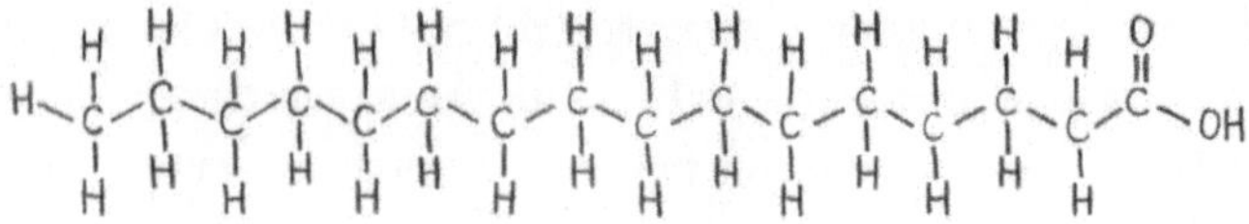

Palmitinsäure

Gesättigte Fettsäure

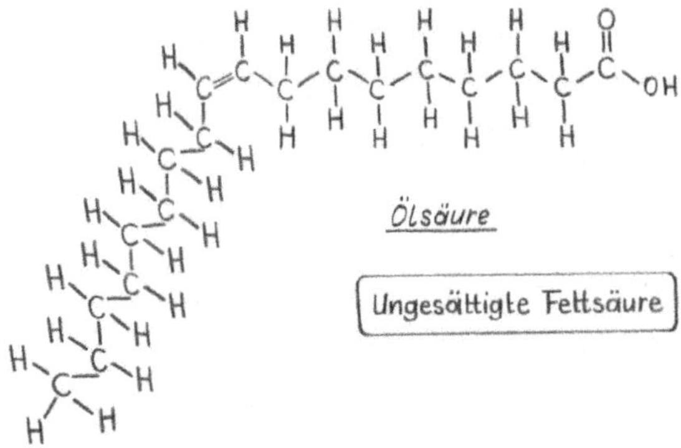

Ölsäure

Ungesättigte Fettsäure

Allein dieser Knick im molekularen Aufbau macht bereits einen sichtbaren Unterschied für die physikalischen Eigenschaften. Gesättigte Fettsäuren ohne Knick ergeben eher feste Fette, ungesättigte Fettsäuren mit Knick eher flüssige Fette. Man kann sich das so vorstellen: Gesättigte Fettsäuren können sich leichter schichten und stapeln und so auch leichter eine feste Struktur bilden. Ungesättigte Fettsäuren mit Knick sind sperrig und daher schlechter zu stapeln, was dazu führt, dass ungesättigte Fette eher flüssige Öle sind. Der Aggregatzustand ist also ein Hinweis darauf, ob man es mit ungesättigten oder gesättigten Fettsäuren zu tun hat. Allerdings ist der Übergang zwischen fest und flüssig buchstäblich fließend, da gesättigte und ungesättigte Fettsäuren oft gemischt daherkommen – wie in der Schokolade, aber dazu gleich mehr.

Vorher noch eine wichtige Ergänzung: Ungesättigte Fettsäuren müssen nicht zwingend einen Knick haben. Wann immer man eine Doppelbindung innerhalb einer C-Kette hat, gibt es zwei Möglichkeiten: **cis** oder **trans** – Knick oder kein Knick:

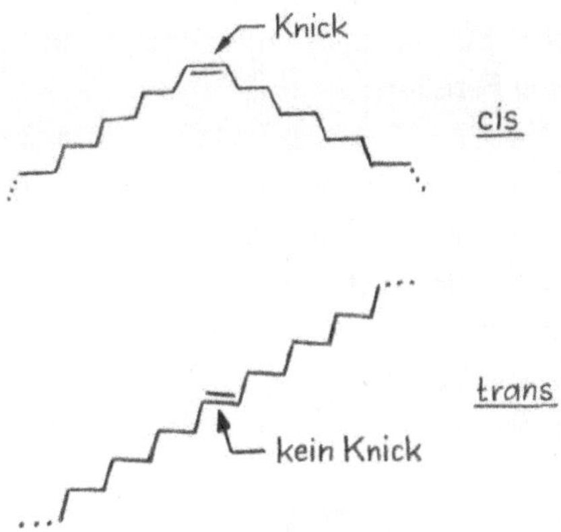

Aber in unserer natürlichen Ernährung begegnen uns fast nur Cisfettsäuren mit Knick. Transfettsäuren kommen zu geringen Mengen in tierischen Fetten vor, bei Wiederkäuern, um genau zu sein. So enthält Milchfett zum Beispiel zwischen 1 und 6 Prozent Transfette. Wenn wir im Alltag also von ungesättigten Fettsäuren sprechen, dann meinen wir damit genau genommen Cisfettsäuren. Transfettsäuren hingegen nennen wir extra beim Namen – weil sie so problematisch sind. Transfette gelten als die ungesündesten Fettsäuren von allen. Man sollte nicht mehr als 1 Prozent der gesamten Energiezufuhr über Transfette zu sich nehmen.

Dummerweise wurde das erst relativ spät klar. Zunächst störte es niemanden, dass Transfette in großen Mengen als Nebenprodukt bei der Fetthärtung anfielen und einfach in den Produkten verblieben. Zur Fetthärtung nimmt man zunächst ungesättigte Cisfettsäuren und **hydriert** sie. Das Wort **Hydrierung** verrät, dass es sich dabei um eine Reaktion mit Wasserstoff (englisch *hydrogen*) handelt. Wasserstoff geht zu den Doppelbindungen und überredet die Kohlenstoffatome – unter anderem mithilfe von Hitze und Druck –, ihre Doppelbindungen aufzugeben und stattdessen sie in die Kette aufzunehmen. So eine Hydrierung ist also eine Sättigung von ungesättigten Fettsäuren.

Als der deutsche Chemiker Wilhelm Normann dieses Verfahren 1901 entwickelte, war das zunächst extrem nützlich. So konnte man aus günstigen pflanzlichen Ölen harte Fette wie Margarine oder Bratschmalz herstellen. Auf diese Weise gehärtete Fette werden übrigens auch für die Seifenherstellung verwendet (siehe *Kapitel 3*). Allerdings passiert bei dieser Reaktion noch etwas: Manche cis-Doppelbindungen wandeln sich in trans-Doppelbindungen um – manche Knicke werden also gerade. Deshalb entstehen durch künstliche Fetthärtung und Hydrierung Transfette. Und ironischerweise dachte man lange, dass künstlich hergestellte Transfette aus pflanzlichen Fetten gesünder wären als tierische Fette. Gesundheitsbewusste Butterliebhaber tauschten die Butter schweren Herzens gegen Margarine aus.

Doch dann kam die Forschung. Nicht unbedingt plötzlich und schlagartig, aber nach und nach häuften sich die Hinweise, dass Transfette nicht nur nicht besser, sondern gar nicht gut für das Herzkreislaufsystem und die Gefäße sind. Vom gehypten Fett zum gefürchteten No-Go – die Weltgesundheitsorganisation WHO verkündete nun das Ziel: »Transfett-frei bis 2023!« Die Warnungen zeigten Wirkung. Transfette haben einen so schlechten Ruf, dass viele Lebensmittelhersteller inzwischen freiwillig auf den Zusatz von Transfetten verzichten oder den Gehalt möglichst reduzieren. Daher schätzt das Bundesinstitut für Risikobewertung mittlerweile die Zufuhr von Transfettsäuren in Deutschland wieder als unbedenklich ein.

So. Transfette sind also schlecht. Aber was ist mit gesättigten und ungesättigten (cis-)Fetten?

Es gibt dazu viele Studien. Aber Ernährungsstudien sind ein schwieriges Feld, denn sie sind prädestiniert für widersprüchliche Ergebnisse. Das liegt mal wieder an den wissenschaftlichen Methoden. Denken wir zurück an *Kapitel 5* und die randomisierten kontrollierten Studien, wird schnell klar, dass solche klinischen Studien in der Ernährungsforschung meistens nicht machbar sind. Labormäuse kann man leicht in Test- und Kontrollgruppen einteilen, und eine »Verblindung« ist aufseiten der Tiere natürlich automatisch gegeben. Bei Menschen kann man Ernährungsstudien selten verblindet durchführen, die Leute wissen ja, was sie da in ihren Mund stecken. Doch das ist nicht die größte Herausforderung. Bei Tieren kann man über einen längeren Zeitraum exakt kontrollieren, was sie essen, ja sogar, wie viel sie sich bewegen. Tja, jetzt versucht dasselbe mal mit einer Gruppe von Menschen. Na dann, viel Erfolg.

Trotzdem gibt es in einigen Punkten ausreichend überzeugende Belege. Zum Beispiel wird empfohlen, gesättigte Fettsäuren durch mehrfach ungesättigte Fettsäuren zu ersetzen. Nur sind sich die Experten nicht einig, ob bei den gesünderen, ungesättigten Fetten die Regel gilt: »Je mehr Doppelbindungen, desto besser«, also ob mehrfach ungesättigte Fettsäuren automatisch gesünder sind als einfach ungesättigte.

Die einzigen Fettsäuren, die sich für etwas Besseres halten dürfen, sind die **Omega-3-Fettsäuren** und die **Omega-6-Fettsäuren.** Mit »Omega-3« bezeichnet man ungesättigte Fettsäuren, die eine Doppelbindung am dritten C-Atom (deshalb »3«) ausgehend vom Kettenende (deshalb »Omega« – »Ende«) besitzen. Für Omega-6 gilt dasselbe, nur mit dem sechsten C-Atom vom Ende her gezählt.

Die Omega-3-Fettsäure Alpha-Linolensäure und die Omega-6-Fettsäure Linolsäure gehören zu den sogenannten **essentiellen Fettsäuren,** sprich, sie sind überlebenswichtig, und der Körper kann sie nicht selbst herstellen. Wir *müssen* sie also essen. Sie sind in verschiedenen Pflanzenölen und in Fisch enthalten. Doch man muss jetzt nicht panisch Fisch in Rapsöl in sich hineinschaufeln. Empfohlen werden 250 mg pro Tag. Alles, was darüber hinausgeht, ist auch nur Genuss.

Prinzipiell ist Fett weder allgemein zu verteufeln noch zu feiern. Man sollte nicht mehr als 30 bis 35 Prozent der gesamten Energiezufuhr in Form von Fett zu sich nehmen – allerdings mindestens 10 Prozent, damit man insgesamt genug Kalorien zu sich nimmt und wegen der essentiellen Fettsäuren. Außerdem sind einige Vitamine ganz schön hydrophobe Gesellen, die sich mit Fett viel besser verstehen als mit Wasser.

Es ist also – wie fast immer – eine Frage der Balance. Man sollte zum Beispiel nicht jeden Tag Fondant au Chocolat mit

230 Gramm Schokolade und 120 Gramm Butter essen. Aber leckeres Essen macht mich glücklich – und das ist auch nicht zu unterschätzen. Manchmal konzentrieren wir uns zu sehr auf die körperliche Gesundheit, die seelische sollte man nicht vernachlässigen. Also zurück zu unserer Schokolade!

Zartbitterschokolade enthält, je nach Marke, etwa 30 bis 35 Prozent Fett. Dieses Fett kommt einerseits von der Kakaopflanze. Dieses Kakaofett, auch Kakaobutter genannt, ist eine komplexe Mischung verschiedener Fette. Zum größten Teil enthält Kakaobutter drei verschiedene Fettsäuren: Ölsäure (ungesättigt), Palmitinsäure (gesättigt) und Stearinsäure (gesättigt). Die Mischung hat die wunderbare Eigenschaft, bei Raumtemperatur fest zu sein, jedoch bei Körpertemperatur, also in unserem Mund, zu schmelzen. Außerdem enthält Schokolade meistens noch Milchfett. Je heller die Schokolade, desto mehr Milchfett enthält sie. Milchfett ist ebenfalls eine komplexe Mischung aus Fettsäuren, gesättigte wie ungesättigte, die Schmelztemperatur liegt allerdings niedriger als bei Kakaofett. Vielleicht ist euch bereits aufgefallen, dass Milchschokolade cremiger und »zartschmelzender« ist als Bitterschokolade.

Milchfett ist auch das Fett unserer klassischen Butter. Damit sich Butter Butter nennen darf, muss sie zu mindestens 80 Prozent aus Milchfett bestehen. Deswegen gebe ich davon eine großzügige Portion zu unserem Fondantteig. Das haut nicht nur geschmacklich rein, sondern senkt auch den Schmelzpunkt der Mischung und erleichtert so das gewünschte Endergebnis, nämlich den flüssigen Kern.

Butter besteht aber auch zu bis zu 16 Prozent aus Wasser, und das spielt beim Backen eine wichtige Rolle. Im Gegensatz zum Wasser aus dem Wasserbad ist das Wasser in der Butter bereits emulgiert, sprich gut vermischt mit dem Milchfett. So entstehen beim Vermischen mit der Schokolade auch keine Klumpen. Später, im Backofen, wird sich das flüssige Wasser in gasförmigen Wasserdampf verwandeln, sein Volumen um ein Vielfaches vergrößern und dem Küchlein dabei helfen aufzugehen. Da wir Gase oft als »nichts« wahrnehmen und wir Hohlräume nicht direkt schmecken können, werden Gase nicht wirklich als Zutat wahrgenommen, aber eigentlich sind alle Aggregatzustände wesentlich für das gesamte Geschmackserlebnis eines Gebäcks. Gasentwicklung spielt beim Backen so gut wie immer eine wichtige Rolle. Klassischerweise bedient man sich sonst entweder Backpulver oder Natron, das im Backofen zu CO_2-Gas zerfällt, wodurch ein Kuchen aufgeht.

Während Schokolade und Butter im Wasserbad zu einer köstlichen Ganache verschmelzen, mische ich in einer kleinen Schüssel eine Prise Salz unter 50 Gramm Mehl. In den meisten Backrezepten mischt man zuerst die Trockenzutaten, bevor man wasserhaltige Zutaten hinzufügt, und das hat einen guten Grund. Das Mehl enthält nämlich ein wasserempfindliches Protein namens **Gluten.** Lange Zeit war Gluten wenig bekannt, doch das Protein bekam in den letzten Jahren immer mehr Aufmerksamkeit, und zwar recht negative. Immer mehr Menschen vertragen kein Gluten oder fühlen sich besser, wenn sie auf Gluten verzichten. Die Wissenschaft runzelt darüber etwas ratlos die Stirn, denn die meisten Betroffenen leiden weder unter einer **Zöliakie,** einer genetisch bedingten Glutenunverträglichkeit, noch unter einer Weizenallergie. Experten sind sich uneinig und vertreten verschiedene Erklärungen, darunter auch der Nocebo-Effekt.

Sicher ist nur: Gluten spielt eine wesentliche Rolle beim Backen. Das Protein wird auch Kleberprotein genannt, und der Name ist Programm. Eigentlich besteht Gluten aus zwei verschiedenen Proteinen beziehungsweise Proteinklassen, den **Gliadinen** und den **Gluteninen.** Erst wenn das Mehl in Kontakt mit Wasser kommt, finden die beiden zueinander und bauen sich gemeinsam zu einer dreidimensionalen, klebrigen Struktur zusammen, dem Gluten. Diese klebrige Struktur verleiht Brot oder Nudeln ihre elastische Konsistenz. »Chewy«, würde der Amerikaner sagen.

Daher ist es wichtig, zu welchem Zeitpunkt man beim Backen das Mehl mit Wasser in Kontakt bringt, denn sobald das passiert, fängt es an zu kleben. Ist das Gluten erst mal aktiv und klebt der Teig, wird es schwierig, andere trockene Zutaten wie Zucker oder Backpulver gleichmäßig unterzumischen, weswegen es sich empfiehlt, alle trockenen Zutaten vorab zu mischen. Während eine zähe »Chewiness« bei Brot gewünscht ist, möchte man das bei Kuchen, oder zum Beispiel bei Fondant au Chocolat, vermeiden. Deshalb nehme ich hier so wenig Mehl, aber auch, weil so das Innere eher flüssig bleibt.

Die Schokoladen-Butter-Mischung ist inzwischen geschmolzen, und ich stelle sie beiseite zum Abkühlen. Der nächste Schritt ist eine Variation eines typischen Fondant-Teigs. Normalerweise kann man die Eier nun direkt mit dem bisschen Mehl mischen und das Ganze verrühren. Ich aber schlage zunächst die Eier – vier Stück mittlerer Größe – in einer großen zweiten Schüssel mit einem Handmixer schaumig. Nach und nach füge ich 80 Gramm Zucker hinzu. Zucker ist zwar ebenfalls eine trockene Zutat, und man könnte ihn normalerweise gleich mit dem Mehl vermischen. Das könnt ihr gerne auch mal probieren, es macht den Teig am Ende ein bisschen dichter und etwas weniger fluffig (was auch seinen Reiz haben kann). Mit Zucker funktioniert das Schaumigschlagen der Eier aber besser, denn die Zuckerkristalle wirken wie winzige Schleifsteinchen, die sich durch die Eiermasse schlagen.

Eier enthalten viele **Proteine**, die für das Backen ebenfalls essenziell sind. Die Proteine kann man sich, ähnlich wie die Fette, als langkettige Moleküle vorstellen. Aber diese Ketten haben eine komplexere chemische Zusammensetzung, ihre Grundbausteine sind **Aminosäuren.** Außerdem sind diese Ketten deutlich länger als Fettsäuren, so lang, dass sie sich zu großen, dreidimensionalen Überstrukturen knäulen und falten. Von außen betrachtet sieht ein Protein also eher aus wie eine Kugel oder ein anderes dreidimensionales Gebilde und nicht wie eine Kette.

Was mit Proteinen passiert, wenn man sie erhitzt, haben wir ja heute Morgen schon bei meinem Spiegelei gesehen: Sie werden fest. Die Hitze führt nämlich dazu, dass sich die Proteine entknäulen und entfalten. Diesen Vorgang nennt man **denaturieren.** Die langen Ketten verfangen und verheddern sich nun. Es entsteht eine Art Netzstruktur – das Ei wird fest. Einmal verheddert, ist der Vorgang nicht mehr umkehrbar. Wir erleben eine abgeschwächte Version dieses Phänomens mit unseren Kopfhörerkabeln in der Tasche, die können sich auch frustrierend gut und fast irreversibel verheddern.

Beim Eierschlagen passiert nun etwas Ähnliches, nur nicht ganz so rabiat. Durch das physikalische Schlagen mit dem Handmixer entknäulen sich die Proteine ebenfalls teilweise und fangen an, sich zu verheddern, fast eine Art »Light-Denaturierung«. Wenn man das Ganze mit dem Eiweiß alleine macht, entsteht richtig fester Eischnee. Das Wichtige ist die Luft, die in Form vieler kleiner Luftbläschen beim Schlagen eingefangen wird: je stabiler der Schaum, desto luftiger wird das Dessert. Würden wir ein Schokoladensoufflé machen, wäre die Herstellung von Eischnee ein essenzieller Schritt, um die gewünschte fluffige, wolkenartige Konsistenz zu erlangen. Ich entscheide mich für eine abgeschwächte Soufflé-Version. Ich möchte durchaus ein bisschen Fluffigkeit drin haben, damit das Dessert nicht ganz so wuchtig wird, aber ich will etwas Dichteres als ein Soufflé. Deshalb schlage ich das ganze Ei, ohne es zu trennen. Hier entsteht ein weicherer Schaum, denn mit dem Eigelb kommt ein wesentlicher Anteil Fett mit in die Mischung (schon wieder Fett!), das das Verheddern der Eiweißstränge erschwert.

Eigelb besteht zu etwa 30 Prozent aus Fett. Dank Fett kann es nicht passieren, dass man das Ei »überschlägt«. Einen Eischnee, der praktisch nur aus Proteinen und Wasser besteht, kann man durch zu langes Schlagen schnell ruinieren. Übertreibt man es, fällt er in sich zusammen, weil die Proteine zusammenklumpen und sich vom Wasser trennen. Beim Vollei hingegen kann man nicht viel falsch machen. Am Ende vergrößert sich das Volumen um ein Vielfaches (deshalb auch die große Schüssel), und der Schaum wird fein und bekommt eine glatte, blassgelb glänzende Oberfläche.

Im Backofen werden die Proteine später vollständig denaturieren und fest werden. Und das im Ei enthaltene Wasser hat dieselbe Aufgabe wie das Wasser in der Butter: Es wird die Küchlein aufgehen lassen. Zusammen mit der eingeschlagenen Luft sorgt das für eine luftige Kuchenhülle um den flüssigen Kern.

Der Zucker hilft natürlich nicht nur beim Eierschlagen. Zucker ist die Grundlage jeder Süßigkeit – aber man sollte nicht den Fehler machen und Zucker nur auf seine Süße reduzieren. Zucker ist auch **hygroskopisch,** das bedeutet, er zieht Wasser an und hält es fest. (Daher auch seine konservierende Eigenschaft, wie wir in *Kapitel* 7 festgestellt haben.) Bei einem Fondant au Chocolat, das man heiß und im Kern flüssig genießt, spielt das keine allzu große Rolle. Aber Kuchen oder Plätzchen werden umso schneller trocken, je weniger Zucker enthalten ist. Wer also seinen Zuckerkonsum reduzieren möchte und beim Kuchenbacken die Hälfte des Zuckers weglässt, wird mit einem trockenen Kuchen bestraft.

Besonders wichtig ist Zucker bei Eiscreme, vor allem bei Sorbet. Dort haben wir nicht nur viel Zucker, sondern auch viel Wasser, in dem der Zucker sich löst. Wie jeder wasserlösliche Stoff beeinflusst der Zuckergehalt die Schmelz- bzw. Gefriertemperatur der Lösung. Das Phänomen kennen wir vom Salzstreuen im Winter: Salzwasser hat einen tieferen Gefrierpunkt als reines Wasser, man nennt dieses Phänomen sinnigerweise **Gefrierpunktserniedrigung.** Während reines Wasser bei 0 °C gefriert, bleibt eine Salzlösung bei dieser Temperatur noch flüssig. Deswegen ist Salzstreuen eine effektive Anti-Rutsch-Maßnahme, da das Wasser erst bei kälteren Temperaturen zu Eis gefriert. So eine Gefrierpunktserniedrigung funktioniert auch mit Zuckerwasser, und das hat eine direkte Auswirkung auf die Konsistenz von Eiscreme und Sorbets. Je höher der Zuckergehalt, desto eher schmilzt das Eis, je niedriger, desto fester ist es. Wenn man selbst Eis herstellt, kann man den Zuckergehalt also nicht ausschließlich nach der eigenen Geschmacksvorliebe wählen, sondern muss auch eine gute Konsistenz finden, die nicht zu fest und nicht zu matschig ist.

Die Schoko-Butter-Mischung ist nun abgekühlt, und ich mische einen Teelöffel Vanilleextrakt unter. Die süßlichen Vanillearomen bilden eine herrliche Kombination mit den dunklen Bitteraromen des Kakaos. Vanillearoma ist generell sehr beliebt. Man könnte meinen, dass Vanillearoma im Überfluss vorhanden ist, so omnipräsent ist diese Geschmacksrichtung. Im Englischen wird »vanilla« umgangssprachlich sogar als Synonym für gewöhnlich, langweilig oder prüde verwendet. Dabei ist das Aroma in Wirklichkeit gar nicht so gewöhnlich, wie es scheint.

Das Fläschchen Bio-Vanilleextrakt »aus reinen Bourbon-Vanilleschoten« habe ich mir vor ein paar Monaten gekauft, als ich gerade in der Laune war, mir etwas zu gönnen, denn das Zeug ist schweineteuer. Das liegt daran, dass die Zucht der Vanillepflanzen unglaublich anstrengend ist. Lange war die Gewürzvanille, eine Orchideenpflanze, nur in Mittelamerika zu Hause, da nur dort die sogenannte Melipona-Biene lebt. Sie ist eine von wenigen Tieren, welche die Gewürzvanille bestäuben – es ist keine besonders fortpflanzungsfreudige Pflanze. (So gesehen passt »vanilla« im Sinne von prüde ja doch.) Vanille war also lange ein rares Aroma, an dem sich nur wenige Menschen erfreuen konnten.

Das änderte sich im Jahre 1841 mit Edmond Albius. Albius war Kind einer Sklavenfamilie in der französischen Kolonie La Réunion, eine kleine Insel in der Nähe von Madagaskar. Mit zwölf Jahren fand der Junge heraus, wie man die Gewürzvanille auch mit der Hand bestäuben kann. La Réunion wurde zum großen Vanilleexporteur, und bald baute man auch auf Madagaskar an. Dort kommt noch heute ein Großteil der natürlichen Vanille her, die sich Bourbon-Vanille nennen darf. Doch das würde die weltweite Nachfrage nicht im Geringsten decken. Rund 18 000 Tonnen Vanillearoma werden jährlich hergestellt, nur etwa 1 Prozent kommt tatsächlich von der echten Vanillepflanze. Denn das heutige Zuchtverfahren ähnelt noch immer Albius' Methode, die Pflanzen müssen nach wie vor händisch bestäubt werden.

Dafür fand man in den siebziger Jahren heraus, wie man das Molekül Vanillin, das der Hauptaromastoff der Vanille ist, im Labor herstellen kann. Vanillezucker, den man im Supermarkt kaufen kann, ist meistens normaler Haushaltszucker mit einer Prise Vanillin, wie ihr beim Inhaltsstoffeschmökern feststellen werdet.

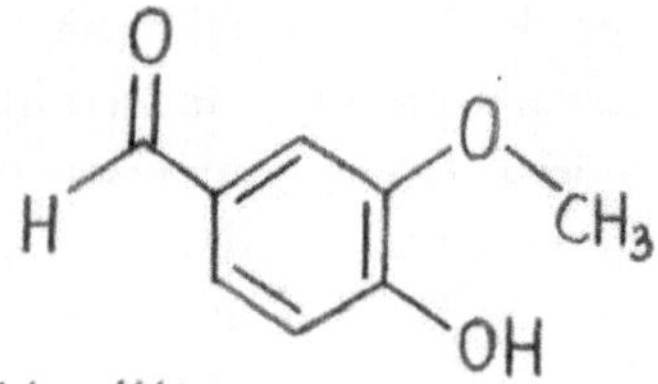

Vanillin

In den letzten Jahren stieg die Nachfrage nach natürlichem Vanillearoma, doch es gibt schlicht und einfach nicht genug Vanillepflanzen auf dieser Welt. Denn abgesehen von der mühsamen Zucht sind diese auch nicht besonders ertragreich. Für 1 Kilo Vanilleschoten muss man rund 600 Blüten händisch bestäuben. Wer also natürliches Vanillearoma haben möchte, muss schon so blöd sein wie ich und einen saftigen Preis dafür bezahlen. Das natürliche Aroma ist zwar geschmacklich komplexer, denn echte Bourbon-Vanille enthält mehr als nur Vanillin. Aber das Rezept schmeckt auch mit Vanillezucker gut, daran wird es nicht scheitern. Wenn ihr es also zu Hause nachbackt, könnt ihr auch einfach 8 Gramm des Zuckers durch ein Päckchen Vanillezucker ersetzen.

Ich habe noch einen weiteren Geheimtipp für euch und das ultimative Schokoladenaroma: einen Shot Espresso. Und bevor ihr jetzt denkt: Iiih, nein, ich mag keinen Kaffeegeschmack in Schokolade, kann ich euch beruhigen: Es wird nicht nach Kaffee schmecken. (Ich mag Kaffeeschokolade auch nicht.) Nicht nur Theobromin und Koffein sind sich ähnlich, Schokolade und Kaffee enthalten auch ähnliche bitter-nussige bis fruchtige Aromastoffe. Falls ihr Backkakao zu Hause habt, probiert doch einmal eine Fingerspitze, und ihr werdet feststellen, dass der Geschmack tatsächlich ein wenig an Kaffee erinnert, nur nicht ganz so intensiv. Wenn ihr also ein bis zwei

Teelöffel stark gebrühten Espresso zu eurem Schokodessert hinzufügt, sei es eine Mousse oder ein Kuchen, ist es fast so, als würdet ihr konzentriertes Kakaoaroma hinzufügen, nur – im Gegensatz zu Kakaopulver – mit einem interessanten »Twist«.

Die mit Vanille und Espresso gepimpte, abgekühlte Schokomischung hebe ich jetzt unter die geschlagenen Eier. Mit »abgekühlt« meine ich nicht zwingend Zimmertemperatur, nur so, dass die Proteine der Eier nicht denaturieren: Eigelb denaturiert bereits bei 65 °C, Eiweiß bei 83 °C. Ich mische nicht besonders rigoros, nur so, dass sich alles gleichmäßig verteilt, damit ich so wenig wie möglich Luftbläschen kaputt mache, die ich gerade so schön eingeschlagen habe. Zuletzt hebe ich das Mehl mit der Prise Salz unter, wieder nur bis alles gerade so gleichmäßig verteilt ist. Dann kann man den Teig entweder in gefettete Souffléförmchen oder Muffinformen gießen. Was übrig bleibt, kann man im Kühlschrank aufbewahren, am praktischsten bereits vorgefüllt in Formen, so kann man sich am nächsten Tag noch etwas gönnen.

Ich fülle vier Förmchen ab und stelle sie erst einmal in den Kühlschrank. Dieser Nachtisch lässt sich also entspannt vorbereiten, und nachher muss er nur noch kurz in den Ofen. Die Backzeit ist entscheidend für die Flüssigkeit des Kerns, deswegen solltet ihr die Backzeit für euch unbedingt noch einmal selbst validieren, wenn ihr das Rezept nachbackt. Meine Souffléförmchen haben einen Durchmesser von 7 cm, und ich befülle sie immer großzügig auf gute 4 cm Höhe. Für diese Dimensionen hat sich eine Backzeit von 15,5 Minuten bei 190 °C Ober- und Unterhitze bewährt. Zumindest wenn der Teig Raumtemperatur hat. War er über Nacht im Kühlschrank, sind es eher 16 bis 16,5 Minuten. Falls ihr deutlich kleinere Förmchen benutzen solltet, wird eure optimale Backzeit ein paar Minuten kürzer sein. Da hilft nur Freunde einladen und testen!

Christine und ich sind so vertieft in unsere Kochparty, dass wir erst gar nicht merken, dass Matthias zur Tür hereingekommen ist – und er hat den Dino im Schlepptau. Beide schauen etwas irritiert drein.

»Gut, dass ihr da seid«, ruft Christine gut gelaunt. »Wir brauchen Hilfe beim Schnippeln!«

Matthias winkt mich kurz aus der Küche und flüstert: »Ist das der Dino?«

»Ja«, flüstere ich zurück.

»Wir waren zufälligerweise gleichzeitig an der Haustür, und ich wusste nicht, wer er ist.«

»Heute ist spontane Küchentherapie«, erkläre ich. »Und den Dino haben wir auch eingeladen.«

»Er hat sich nicht vorgestellt und ist mir einfach schweigend reingefolgt«, lacht Matthias.

»Torben ist cool«, sage ich. »Er wird schon noch auftauen.«

Wir gehen zurück in die Küche, und ich hole zwei Weingläser für Matthias und Torben. Ich glaube, es wird ein lustiger Abend.

KAPITEL 12

Chemie stimmt

Während wir Gemüse schnippeln und hitzig darüber diskutieren, ob man Zahnseide am besten vor oder nach dem Zähneputzen benutzen sollte, vibriert Christines Handy im Sturm. Sechs Nachrichten von Jonas. Er gehört zu den Menschen, die nervigerweise keine Punkte oder Absätze in ihre Nachrichten einfügen, sondern nach jedem kleinsten Fragment abschicken:

»Hey«

»Na :)«

»Noch im Labor?«

»Ich kann was kochen heute«

»Kommst du vorbei?«

»Ich kann dich abholen«

Christine schaut mich genervt an.

»Was schaust du *mich* an«, sage ich. Ich muss lachen: »Alles nur wegen der blöden Zahnpasta!«

Christine muss auch lachen, sagt aber: »Es geht ja nicht wirklich um die Zahnpasta. Die war nur … der Auslöser.

Irgendwie stimmt halt die Chemie nicht.« Wir lachen wieder wegen der schönen Doppeldeutigkeit.

»Ich ruf ihn mal an«, seufzt Christine und geht aus der Küche.

Ich finde den Spruch »die Chemie stimmt« interessant, denn es ist der mit Abstand positivste Gebrauch von »Chemie« in unserer Alltagssprache. Die Chemie der Liebe! Ich weiß nicht, was Nichtchemiker denken, wenn sie diesen Satz benutzen, ich denke bei Liebe durchaus an Chemie – und an Wissenschaft. Ist das jetzt unromantisch? Ich weiß nicht. Ich finde nicht, dass eine wissenschaftliche Betrachtung der Welt ihr den Zauber nimmt.

Der amerikanische Physiker und Nobelpreisträger Richard Feynman brachte es perfekt auf den Punkt, als er in einem Interview sagte:

»Ich habe einen Freund, der Künstler ist und manchmal Ansichten vertritt, denen ich überhaupt nicht zustimmen kann. Er hält etwa eine Blume hoch und sagt: ›Schau, wie schön sie ist‹, und ich stimme ihm zu. Dann sagt er: ›Ich als Künstler kann sehen, wie schön sie ist, aber du als Wissenschaftler nimmst das alles auseinander, und dadurch wird sie geistlos und trüb‹. Ich denke, er ist ein wenig hirnrissig! […] Ich kann mich durchaus an der Schönheit einer Blume erfreuen. Gleichzeitig sehe ich aber viel mehr in dieser Blume, als er sieht. Ich kann mir die Zellen in ihr vorstellen, ihre komplizierten Vorgänge im Innern, die auch eine Schönheit haben. Ich meine, es ist nicht nur die Schönheit in dieser Dimension, auf einem Zentimeter; es gibt auch Schönheit in den kleineren Dimensionen, der inneren Struktur, in den inneren Prozessen. Die Tatsache, dass die Farbe der Blume sich im Laufe der Evolution entwickelt hat, um Insekten anzulocken, ist spannend; das bedeutet, dass Insekten Farbe sehen können. Das führt zu einer

weiteren Frage: Gibt es diesen Sinn fürs Schöne auch in einfacheren Lebewesen? Warum gibt es Schönheit? Mit allen spannenden Fragen, die sich aus wissenschaftlicher Erkenntnis ergeben, kommen nur mehr Reiz, mehr Geheimnisse und mehr Wunder hinzu. Es kommt immer nur hinzu. *Ich verstehe nicht, wie das etwas wegnehmen sollte.«*

Feynmans Worte lassen jeden Wissenschaftler leidenschaftlich auf den Tisch hauen und: »Ja, Mann!!« rufen. Ich hoffe insgeheim, dass ihr, solltet ihr auch keine Wissenschaftler sein, das inzwischen auch so seht wie Feynman. Dinge genauer zu verstehen macht sie bloß faszinierender.

Außerdem liegt die Schönheit der Wissenschaft nicht unbedingt im Entschlüsseln der Wahrheit, sondern in der bloßen Suche danach. Ich denke nicht, dass wir so schnell Liebe in all ihren Nuancen wissenschaftlich aufschlüsseln können. Derzeit sind wir davon meilenweit entfernt. Doch ich finde es gar nicht unromantisch zu versuchen, Liebe, Emotionen und zwischenmenschliche Beziehungen wissenschaftlich zu untersuchen.

Ohne Untersuchung sage ich mit Zuversicht: Bei Matthias und mir stimmt die Chemie. Vielleicht weil wir beide Chemiker sind. Haha. Wenn ich jedenfalls nach einem intensiven Arbeitstag zu Hause höre, wie Matthias die Tür aufschließt, oder wenn er mich nach einem anstrengenden Drehtag abends am Bahnhof abholt, habe ich auch nach zehn Jahren Beziehung immer noch kurz Schmetterlinge im Bauch, wenn ich ihn sehe. Ich weiß, das klingt jetzt schon fast ekelhaft kitschig, aber der Auslöser für das Schmetterlingsgefühl im Bauch ist eigentlich alles andere als romantisch. Es ist derselbe Mechanismus wie der von heute Morgen, ausgelöst von Matthias' Monsterwecker: eine Fight-Or-Flight-Reaktion.

Möchte ich also am liebsten fliehen oder Matthias auf die Nase hauen, wenn ich ihn sehe? Nein – und falls ihr solche Gedanken bei eurem Partner verspürt, solltet ihr euch schnell trennen, das wäre wahrscheinlich das Beste für alle. Aber tatsächlich gehört die körperliche Stressreaktion zum Verlieben dazu, auch wenn wir sie positiv wahrnehmen. Verliebtsein sorgt nicht nur für ein pochendes Herz, sondern auch für erhöhte Cortisollevel. Nachdem wir heute Morgen Cortisol neben Adrenalin als »Stresshormon« kennengelernt haben, entdecken wir erst jetzt seine andere Seite. Mit Blick auf die Schmetterlinge im Bauch könnte man Cortisol ja sogar ein Liebeshormon nennen!

Diese Erkenntnis hilft vielleicht dem ein oder anderen auch, Lampenfieber zu bewältigen, indem man es in einem anderen Licht betrachtet. Die Angst, auf einer Bühne zu stehen oder vor fremden Menschen einen Vortrag zu halten, äußert sich nämlich ebenfalls in einer Fight-or-Flight-Reaktion. Doch Menschen, die gerne auf Bühnen stehen, verspüren nicht den Wunsch zu fliehen, sondern Schmetterlinge. Die zugrunde liegende Chemie ist dieselbe.

Der Sinn hinter einer Fight-Or-Flight-Reaktion ist in verschiedenen Situationen ebenfalls derselbe: Bei einem bevorstehenden Vortrag auf der Bühne soll genau dieser Vortrag priorisiert werden. Er ist akut sehr wichtig. Genau wie bei der Begegnung mit dem Säbelzahntiger brauchen wir volle Aufmerksamkeit. Das heißt, manche vorübergehend unwichtigen Körperfunktionen können jetzt erst mal warten – und dazu gehört zum Beispiel die Verdauung. Das Blut wird aus dem Bauch weggeleitet, und das führt zu diesem flauen Gefühl im Magen, das man in einer angespannten Situation hasst, das beim Verliebtsein aber wunderschön sein kann. Wenn ich Matthias also nach einem langen Tag wiedersehe, sagt mein Körper: »Lass alles stehen und liegen, verdauen können wir später – alle Aufmerksamkeit bitte auf diesen tollen Menschen dort richten!«

Es ist ein wahnsinniges Glück, jemanden zu haben, den man nach einem stressigen und anstrengenden Tag einmal ganz fest drücken kann. Wir alle wissen, was für eine emotionale Kraft eine Umarmung haben kann. Die Idee, sich mit »Free Hugs«-Schildern in die Fußgängerzone zu stellen und fremden Menschen Umarmungen anzubieten, wurde vor ein paar Jahren so überstrapaziert, dass sie irgendwann etwas ausgelutscht wirkte, doch die strahlenden Gesichter und die wahrhaftige Freude, die eine Umarmung selbst von Fremden auslösen kann, ist faszinierend.

Was passiert da genau, wenn wir den Arm um einen anderen Menschen legen? Das fragten sich auch Psychologen der Carnegie Mellon University in Pittsburgh. Ihre Studie mit rund 400 Teilnehmern umfasste drei methodische Schritte:

Schritt 1: Sie befragten die Menschen nach ihren sozialen Netzen (den echten, nicht denen im Internet) und ihrer emotionalen Unterstützung im Alltag. Hatten sie Freunde, mit denen sie etwas unternehmen konnten? Fühlten sie sich oft sozial ausgeschlossen? Hatten sie jemanden, dem sie ihre Ängste und Sorgen anvertrauen konnten?

Schritt 2: Vierzehn Tage am Stück wurden die Teilnehmer jeden Abend befragt, ob sie in irgendwelche sozialen Konflikte geraten waren – und ob sie umarmt wurden.

Soweit, so gewöhnlich, was die Methoden dieser Studie betrifft. Doch jetzt kommt *Schritt 3:* Die Teilnehmer wurden mit einem Erkältungsvirus angesteckt und anschließend in Quarantäne gesteckt und beobachtet! Ganz schön invasiv für eine psychologische Studie. Die Ergebnisse waren dafür durchaus interessant. Soziale Konflikte können zu Stress führen (zu dem unschönen Stress, nicht den Schmetterlingen) und dieser wiederum zu einer Schwächung des Immunsystems. Gestresst erkälten wir uns also eher. Doch diejenigen, die unter Schritt 1 ein starkes soziales und emotionales Netzwerk angegeben hatten, erfreuten sich einer geringeren Wahrscheinlichkeit, sich zu erkälten, unabhängig davon, wie viele soziale Konflikte sie innerhalb der 14 Tage durchstehen mussten. Ein ähnlich positives Ergebnis erzielten diejenigen, die unter Schritt 2 angaben, dass sie häufig umarmt wurden.

Also – Umarmungen gegen Erkältung? Es wäre sicher schön, noch mehr Forschung hierzu zu sehen, aber bis dahin bleibe ich bei meiner täglichen Kuscheleinheit.

Ich bin generell ein recht verkuschelter Mensch, und das habe ich wahrscheinlich von meiner Mama. Vielleicht habe ich da etwas geerbt, oder es liegt daran, dass sie mich als Kind sehr viel gekuschelt hat. Es ist sogar heute noch so. Wenn ich meine Eltern besuche, bekomme ich immer noch ganz viele Drücker und Küsse. Als ich zwölf wurde, ging mir ein Licht auf, woher diese ganze Knuddelei kommen könnte – beim ersten Besuch der Familie meiner Mama in Vietnam. Wir hatten einen langen Flug und eine gleichermaßen lang erscheinende, wacklige Busfahrt über enge, nicht gesicherte Straßen hinter uns. Es dämmerte, und ich stieg recht erschöpft aus dem Wagen. Da wurde ich von einer Traube fremder Menschen, die so ähnlich aussahen wie ich, überfallen. Sie schrien freudig bis hysterisch, sie weinten, und sie schlossen mich in die Arme, attackierten meine Stirn mit Küssen und ließen mich auch erst einmal nicht wieder los. Irgendwie liegt das Ganze wohl in der Familie. Und eigentlich finde ich das auch ganz schön, auch wenn mir das als Teenager natürlich superpeinlich war.

Während des Studiums ging mir ein zweites Licht auf, als ich das Molekül **Oxytocin** kennenlernte. Dieses Hormon spielt eine wesentliche Rolle bei Geburt und Stillen, es hilft zum Beispiel bei den Muskelkontraktionen der Gebärmutter, weswegen der Name Oxytocin aus dem Altgriechischen übersetzt so viel bedeutet wie »schnelle Geburt«. Oxytocin sorgt für die enge Beziehung zwischen Mutter und Kind, es wird auch bei romantischen Partnern, etwa beim Küssen ausgeschüttet und steht generell in Verbindung mit sozialen Beziehungen und Liebe. Nicht zuletzt wird Oxytocin auch liebevoll das »Kuschelhormon« genannt.

Aha, dachte ich also. In der Familie meiner Mutter herrschen wohl hohe Oxytocin-Level. Doch anhand von Oxytocin sollte ich bald lernen, dass die Wirkungen von Hormonmolekülen leider nie einfach zu erklären sind.

Oxytocin ist passenderweise ein sehr hübsches Molekül, wie ich finde:

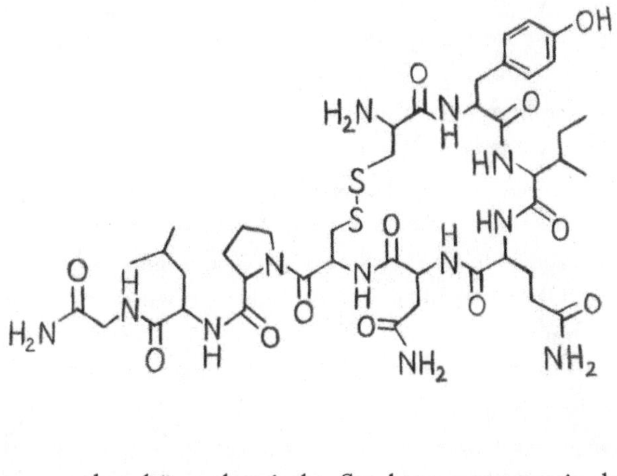

Diese wunderschöne chemische Struktur gepaart mit dem Spitznamen Kuschelhormon verschafft Oxytocin große Beliebtheit unter Nerds und Nerd-Freunden. Es gibt Oxytocin-

Tassen, Oxytocin-Pullis, ja sogar Oxytocin-Halsketten zu kaufen. Und auch unter Wissenschaftlern ist Oxytocin beliebt, als Forschungsgegenstand.

1979 gab es eine Meilensteinstudie, in der jungfräulichen Ratten Oxytocin verabreicht wurde. Das Hormon löste in den Ratten ein mütterliches Verhalten aus, sie begannen sich wie Muttertiere um fremden Nachwuchs zu kümmern, als wäre es ihr eigener. 1994 fand man dann heraus, dass Oxytocin eine wesentliche Rolle bei der Partnerwahl von Präriewühlmäusen spielt. Präriewühlmäuse sehen nicht nur sehr süß aus (googelt sie mal), sondern gehören auch zu den wenigen Säugetieren, die monogam leben, also mit ein und derselben Wühlmaus bis ans Ende ihres Lebens zusammenbleiben. Was soll man sagen – Oxytocin ist einfach liebenswert.

Bei Menschen sorgt Oxytocin laut einer Schweizer Studie für mehr Vertrauen. Die Forscher ließen die Studienteilnehmer ein Spiel spielen, in welchem sie unter »Vertrauenszuschuss« Geld investieren sollten. Die Teilnehmer, die zuvor eine Nase voll Oxytocin genommen hatten, zeigten sich vertrauensvoller gegenüber den fremden Mitspielern. Und deutsche Forscher stellten fest, dass Männer unter Oxytocineinfluss weniger Kalorien über Snacks zu sich nahmen, was die Forscher vermuten lässt, dass Oxytocin reines »Appetitsnacken« ohne Hunger unterdrücken könnte. Kuschelhormon gegen Heißhunger? Es wäre eine interessante Therapie gegen Übergewicht, aber dafür brauchen wir erst noch mehr Forschung.

Die Forschung ist jedenfalls vielfältig – doch nicht immer kommt das Kuschelhormon positiv weg. Neuere Forschung findet Hinweise darauf, dass Oxytocin etwa unschöne Erinnerungen verstärkt. Oxytocin scheint generell Erinnerungen an soziale Interaktionen zu verstärken, seien es schöne, wie unser erster Kuss, oder unschöne, wie eine Demütigung oder die Angst, einen geliebten Menschen zu verlieren.

Und während Oxytocin zwischenmenschliche Beziehungen stärkt, könnte es gleichzeitig dazu führen, dass Gruppendenken und das Ausschließen anderer dadurch ebenfalls verstärkt werden, so beobachteten niederländische Psychologen. Genau wie Empathie und Mitgefühl uns menschlich handeln lassen, so kann es dazu führen, dass wir zum Beispiel den Menschen, die uns selbst ähnlicher sind, mehr Mitgefühl entgegenbringen als Außenstehenden.

Nach aktuellem Stand der Forschung ist es wohl überholt, Oxytocin als Kuschelhormon zu bezeichnen. Sein Einfluss auf unser soziales Verhalten und Miteinander ist unbestritten, nur umfasst es sowohl die positiven als auch die negativen Seiten. Man muss sich Oxytocin eher so vorstellen: Bei all den Signalen, Reizen und Informationen, die im alltäglichen Leben auf uns einprasseln, geht die ein oder andere soziale Information unter. So übersehe ich vielleicht, dass Christine sich Sorgen macht, während ich unbekümmert mit ihr in der Mensa sitze. Oxytocin wirkt nun wie ein Rauschfilter. Unter anderem sorgt es für die Ausschüttung eines hemmenden Neurotransmitters namens GABA, der uns im nächsten Kapitel noch einmal genauer begegnen wird. Diese Signalhemmung sorgt für ein geringeres Rauschen, wodurch wir soziale Reize und Hinweise aufmerksamer wahrnehmen können.

Deswegen wird Oxytocin als mögliches Hilfsmittel bei Autismus untersucht. Menschen mit Autismus haben in der Regel Schwierigkeiten, soziale Informationen einzuordnen, zum Beispiel fällt es ihnen schwer, eine Emotion aus einem Gesichtsausdruck abzulesen. Doch bisher scheitern Untersuchungen an einer schlechten Reproduzierbarkeit oder können keine Wirksamkeit bei wiederholter Anwendung feststellen.

Doch für manche Autisten, bei denen von vorneherein ein tiefer Oxytocin-Spiegel vorliegt, könnte die Unterstützung durch zugeführtes Oxytocin in Zukunft Erfolg versprechen.

Interessanterweise findet man immer mehr Parallelen zwischen Oxytocin und Alkohol. Zunächst wären da die Wirkungen, die man von außen beobachten kann. Sowohl Oxytocin als auch Alkohol können Angst und Stress reduzieren, während sie Vertrauen und Großzügigkeit stärken. Doch beide haben auch dieselben Schattenseiten: Aggressionen, Risikobereitschaft und einen Hang zur positiven Befangenheit gegenüber der eigenen Gruppe. Und auch die neurologischen Wirkungen der beiden Moleküle haben verblüffende Parallelen. So verstärkt Alkohol ebenfalls die hemmende Wirkung des Neurotransmitters GABA, wenn auch durch einen anderen Mechanismus, den wir im nächsten Kapitel genauer ansehen werden. Jedenfalls scheint an dem englischen Ausdruck »love drunk«, also betrunken vor Liebe, vielleicht etwas dran zu sein.

Christine ist nicht love drunk, als sie von ihrem Telefonat mit Jonas zurückkommt. Dafür bekommt sie von mir noch eine Umarmung als Kompensation. Und nur um sicherzugehen, schenke ich ihr noch etwas Wein nach.

KAPITEL 13

Leidenschaft für Sachlichkeit

Wir hängen gut gelaunt und mit etwas zu vollen Mägen am Esstisch, nippen an unseren Weingläsern und warten auf die Fondants au Chocolat, die gerade im Ofen aufgehen. Mein Weinglas ist allerdings nur mit Wasser gefüllt. Ich trinke keinen Alkohol, weil ich ihn nicht vertrage. 30 bis 40 Prozent der Südostasiaten sind genetisch dazu verdammt, bereits bei kleinen Mengen an Alkohol sehr rot im Gesicht und sehr betrunken zu werden. Das hält viele nicht davon ab, trotzdem zu trinken. Ein Kumpel von uns lebt in China und berichtet immer wieder, wie er als deutscher »Alkoholverträger« darunter leidet, dass er von seinen chinesischen Kollegen bei Geschäftsessen zum Trinken gezwungen wird. Obwohl viele Chinesen nicht mehr Alkohol vertragen als ich, saufen sich diese erwachsenen Menschen regelmäßig in ein Fastkoma, als ob sie keine andere Wahl hätten. Aber ich gebe zu, Matthias und ich achten auch immer darauf, dass wir genug Alkohol im Haus haben, wenn wir Gäste einladen. Was wären wir auch sonst für Gastgeber?

Unter Alkohol versteht man als Chemikerin eine ganze Stoffklasse. *Der* Alkohol ist ein ganz bestimmter Alkohol, nämlich **Ethanol.** Alle Alkohole haben gemeinsam, dass sie giftig sind, manche mehr als andere. Aber nicht nur sie selbst sind das Problem, sondern auch ihre Abbauprodukte im Stoffwechsel. Eine Oxidation ist der gängige Abbauweg für Alkohole, erst zum sogenannten Aldehyd, dann zur Carbonsäure. **Methanol,** der um einen Kohlenstoff kürzere Bruder von Ethanol, wäre weniger giftig, wenn unser Körper es nicht zu Formaldehyd oxidieren würde, das zum Erblinden führt. Und Isopropanol, der Alkohol, der gerne in Desinfektionsmitteln verwendet wird, kann beim Trinken zu Atemnot und Kreislaufversagen führen.

Eine tödliche Dosis haben alle Alkohole. Ethanol ist – verglichen mit anderen Alkoholen – noch relativ tolerierbar, aber auch das nur bis zu einer gewissen Dosis. Damit man an einer Ethanolvergiftung nicht so leicht stirbt, hat der Körper einen Verteidigungsmechanismus: Kotzen. Das ist allerdings auch nicht ungefährlich, denn man kann an seiner eigenen Kotze ersticken, wenn man nicht mehr bei Sinnen ist.

Doch auch wer sich nicht zur Bewusstlosigkeit trinkt, fügt sich Schaden zu. Alkohol wird in der Leber verstoffwechselt. Es ist die Aufgabe der Leber, toxische Stoffe loszuwerden. Ein reger Alkoholkonsum kann die Leber überlasten und schädigen – und das ist nur ein Punkt einer ellenlangen Liste gesundheitlicher Langzeitschäden. Auch das Herz und das Verdauungssystem werden es danken, wenn man sich beim Alkohol zurückhält. Und von den schlechten Entscheidungen, die man im Vollsuff trifft, brauchen wir erst gar nicht zu reden.

Deshalb sehe ich meine Alkoholunverträglichkeit als Segen, und ich hoffe, ich vererbe mein mutiertes Gen später auch an meine Kinder. Das hört sich vielleicht gemein an, aber glaubt mir, wenn man noch nie Alkohol trinken konnte, vermisst man überhaupt nichts. Viele bemitleiden mich trotzdem.

Ihr könnt mich bemitleiden oder auch nicht, mein mutiertes Gen ist jedenfalls extrem faszinierend. Um das zu verstehen, muss man sich zunächst klarmachen, was genau mit Ethanol im Körper passiert.

Mithilfe eines Enzyms namens Alkoholdehydrogenase, kurz **ADH**, wird Ethanol zu einem Stoff namens **Acetaldehyd** oxidiert. Und Acetaldehyd ist mindestens genauso doof wie Ethanol, gesundheitlich betrachtet. Es ist ein Mutagen, also ein Stoff, der die DNA schädigen und krebserregend sein kann. Acetaldehyd ist wahrscheinlich der Grund, warum in wissenschaftlichen Studien immer wieder ein Zusammenhang zwischen Alkoholkonsum und verschiedenen Krebsarten beobachtet wird. Deswegen bemüht sich der Körper, diesen schädlichen Stoff möglichst schnell loszuwerden. Im Stoffwechsel wird das Acetaldehyd weiter oxidiert, und zwar zur **Essigsäure** beziehungsweise zu **Acetat**, dem Salz der Essigsäure. Erst dann ist die Gefahr gebannt, da der Körper Acetat problemlos ausscheiden oder weiterverarbeiten und in Energie umwandeln kann. Deswegen hat Alkohol übrigens so viele Kalorien.

Diese Oxidation des Acetaldehyds zum Acetat läuft mithilfe eines zweiten Enzyms ab. Bei den meisten Europäern heißt dieses Enzym Aldehyddehydrogenase 2, kurz **ALDH2.** Dieses ALDH2-Enzym sieht bei mir wie auch bei vielen Südostasiaten und wenigen Nicht-Südostasiaten aber anders aus – und das ist ein Riesenproblem.

Um das Problem nachzuvollziehen, müssen wir zunächst wissen: Wie sehen Enzyme generell aus? Im Laufe des Buches haben wir Enzyme schon an verschiedenen Stellen kennengelernt, aber wenn wir über Alkohol sprechen, ist das die perfekte Gelegenheit für ein paar wichtige Details. Enzyme zählen zu den Proteinen, bestehen also aus Aminosäuren. Aminosäuren sind kleine Moleküle, die hauptsächlich aus Kohlenstoff, Sauerstoff, Wasserstoff und Stickstoff aufgebaut sind. Insgesamt gibt es zwanzig verschiedene Aminosäuren, die unser Körper zur Proteinbildung nutzt:

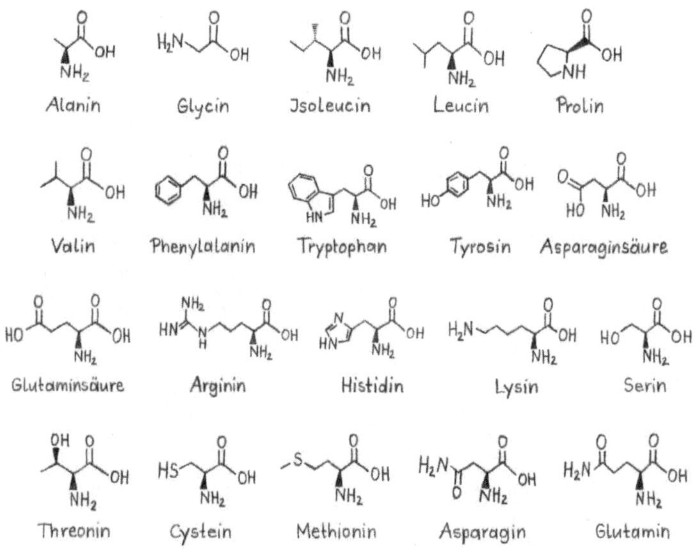

Diese Grafik sieht auf den ersten Blick vielleicht etwas überwältigend aus. Aber wenn wir uns klarmachen, dass alle unsere Proteine nur aus diesen zwanzig Bausteinen bestehen und dass diese Proteine so gut wie alle biologischen Prozesse in unserem Körper steuern, dann ist dieses Baukastensystem doch eigentlich erstaunlich klein.

In einem Protein sind die Aminosäuren zu einer sehr langen Kette verbunden. Das ALDH2-Enzym etwa besteht aus einer Kette von 500 Aminosäuren, die in einer ganz bestimmten Reihenfolge aneinanderhängen. Doch diese Kette liegt nicht einfach wirr herum, sondern ist auf präzise Art und Weise gefaltet, wie ein Origami. Wie das Wassermolekül können auch diese Ketten Wasserstoffbrücken ausbilden, jeweils ein Teil der Kette mit einem anderen, und die Kette faltet sich entsprechend zusammen. Auf den ersten Blick sieht das Ganze meistens aus wie ein chaotisches Knäuel. Aber abhängig von der Art der Aminosäuren und ihrer Reihenfolge hat jedes Protein eine ganz charakteristische dreidimensionale Struktur, und dieser räumliche Aufbau ist entscheidend für seine Funktion.

Selbst für Wissenschaftler, die jeden Tag mit Proteinen arbeiten, ist das Ganze sehr komplex. Um nicht aneinander vorbeizureden, teilen sie die Struktur in verschiedene Aspekte auf: Die chemische Zusammensetzung der Kette ist die sogenannte **Primärstruktur,** hier betrachtet man nur die Aminosäuresequenz, also die Reihenfolge der Bausteine. Die Art und Weise, wie sich diese Kette nun wendet, faltet, zusammenlagert und verknäult, beschreibt man dann in Sekundär-, Tertiär- und Quartärstruktur.

Ein bisschen ist es wie bei einem Legoturm: Betrachtet man nur, welche Steine man benutzt und in welcher Reihenfolge man sie aufeinandersetzt, entspricht das der Primärstruktur. Der Turm als dreidimensionale Form entspricht der Überstruktur. Aber das Legobild ist zu simpel für Proteine, denn bei Lego kann man problemlos einen gelben Legostein durch einen grünen Legostein ersetzen, und der Turm ist immer noch ein Turm. Auch kann man zwei Legosteine vertauschen, ohne dass sich die Turmform ändert. Aminosäuren hingegen sind so ausgeklügelte Bausteine, dass die kleinste Variation in der Primärsequenz große Auswirkungen auf die Überstruktur haben kann.

Ein gutes Beispiel dafür ist mein »kaputtes« ALDH2-Enzym. In seiner langen Kette von 500 Aminosäuren ist bei mir an Position 487 eine Aminosäure anders – ein einziger Baustein ist ausgetauscht. Und diese eine kleine Aminosäure verändert die Wasserstoffbrückenbindungen innerhalb des Enzyms, was zu einer veränderten Überstruktur führt. Die Folge: Mein Enzym kann kein Acetaldehyd abbauen. Es ist inaktiv.

Ohne aktives Enzym ist die Oxidation von Acetaldehyd zur Essigsäure zwar nicht komplett ausgeschaltet, aber die Reaktion läuft sehr, sehr langsam. Das führt dazu, dass sich das Acetaldehyd nach nur wenigen Schlucken Wein im Körper anstaut. Dem Körper gefällt das gar nicht, und er reagiert mit Übelkeit, Herzrasen und einer besonders ulkigen Reaktion: einer krebsroten Hautfarbe, vor allem im Gesicht. Als ich in meiner Jugend zum ersten Mal Alkohol probierte, dachte ich zunächst, ich sei allergisch. Die Symptome werden als »Asian Flush« zusammengefasst. Für mich Grund genug, nichts zu trinken.

Ein einziges Mal war ich allerdings betrunken (und ich habe nicht vor, es zu wiederholen). Ich habe in Mainz studiert, einer Fastnachtshochburg. Ein Kölner würde diese Aussage nur müde belächeln, aber Fastnacht ist auch in Mainz für Nüchterne unerträglich. Ich finde es prinzipiell nicht schlimm, nüchtern zu sein, wenn alle anderen um mich herum betrunken sind. Ich bin immerhin in einer typischen Kleinstadt aufgewachsen, in der es am Wochenende außer Saufen wenig zu tun gab. Aber Karneval ist eine andere Liga der Besoffenheit, das hält man nüchtern wirklich kaum aus. Und eine Sache ist interessant: Wann immer mich Leute fragen, warum ich Karneval nicht mag, erkläre ich, dass ich keinen Alkohol trinken kann. Diese Antwort trifft immer auf sehr viel Verständnis: »Oh, das kann ich natürlich nachvollziehen.

Ohne Alkohol ist das ja schrecklich.« Ich meine – was sagt das bitte über Fastnacht aus, wenn sich alle einig sind, dass es nüchtern nicht auszuhalten ist?

Jedenfalls, nachdem ich in den ersten Jahren zur »Fünften Jahreszeit« immer aus Mainz geflüchtet war, beschloss ich, wenigstens einmal das volle Rosenmontagsprogramm mitzumachen. Nach dem Umzug am Morgen und ein paar Stunden Clubbing am helllichten Tag landeten wir am frühen Abend aus Versehen in einer Bar voller »alter Menschen«. Im Nachhinein waren sie vermutlich nur so alt wie ich jetzt. Ich war damals zwanzig, und die alten Menschen sangen »Ich hab 'ne Zwiebel auf dem Kopf, ich bin ein Döner«. Doch ich konnte nicht einfach wieder gehen, denn ich hatte 10 Euro Eintritt gezahlt, ein studentisches Vermögen. Ich war gefangen! Ich beschloss: Die Zeit ist gekommen – ich betrinke mich jetzt.

Das Vorhaben erwies sich als komplizierter als gedacht. Ich probierte verschiedene alkoholische Getränke, doch gab jedes nach einem Schluck an meine Freunde weiter, weil der Alkoholgeschmack so unerträglich widerlich war. Letztendlich ist Ethanol ein organisches Lösungsmittel, und ich finde, genau so schmeckt es auch. Hochprozentiger Alkohol kann geradezu schmerzhaft brennen, weil Ethanol an hitzeempfindliche Rezeptoren bindet, übrigens an dieselben, die auch von den Capsaicin-Molekülen in Chilis aktiviert werden. Diese Rezeptoren geben das Gefühl von Hitze an das Gehirn weiter, welches das Ganze wiederum in Schmerzempfinden übersetzt. Doch während Capsaicin direkte Hitze imitiert, macht Ethanol die Hitzerezeptoren nur sensibler. Es senkt die Schwellentemperatur, und die Hitzerezeptoren empfinden plötzlich die eigene Körpertemperatur als zu heiß, und man verspürt ein Brennen auf der Zunge. Aber das nur nebenbei, zurück zu dem Versuch, mich zu betrinken.

Eine halbe Stunde und wenige Schlucke später – ich hatte in der Summe noch nicht einmal ein halbes Getränk geschafft – musste ich dringend an die frische Luft. Kaum atmete ich diese ein, überraschte ich mich selbst, indem ich unverzüglich auf die Türschwelle kotzte. Danach ging es mir ziemlich gut, und ich verkündete meinen Freunden, dass der Abend jetzt erst richtig losgehen würde! Nicht mehr als zehn Minuten später wollte ich einfach nur noch nach Hause. Meine Freunde brachten mich kichernd dorthin, weil ich kaum mehr alleine gehen konnte, und zu Hause übergab ich mich ein zweites Mal. Um 19 Uhr lag ich schließlich im Bett. So ist es also, wenn eins deiner Alkoholstoffwechselenzyme nicht richtig funktioniert.

Alkohol ist übrigens auch giftig für seine eigenen Erzeuger, die Hefen. Während des Gärprozesses ernähren sich die Hefen von Zuckern und Kohlenhydraten und produzieren dabei unter anderem Ethanol. Doch spätestens ab einem Alkoholgehalt von 15 Prozent wird es echt unangenehm für die Hefezellen. Letztendlich sterben sie an ihrem eigenen Stoffwechselprodukt, eigentlich echt tragisch. Hochprozentiges gibt's daher nur mittels Destillation, indem der Alkoholgehalt durch Verdampfen und Auffangen aufkonzentriert wird.

Zwar kann ich keinen angenehmen Alkoholrausch erleben, aber auch ein nüchterner Blick auf betrunkene Menschen ist ein Spektakel. Eigentlich ist eine Ansammlung unkontrollierter Betrunkener echt beunruhigend, aber wir haben uns über Jahrtausende an die Droge Alkohol gewöhnt und an alles, was dazugehört. Interessant, wenn man bedenkt, wie sehr wir alle anderen chemisch induzierten Rauschzustände verteufeln. Andererseits muss ich leider zugeben: ein Abend mit Wein ist einfach lustiger als ein Abend ohne.

Vor allem dem Dino scheint der Alkohol gutzutun. Seit etwa zwei Stunden demonstriert er einen sehr geistreichen Humor, den er im nüchternen Zustand hinter Schweigen versteckt. Warum ist das eigentlich so? Was macht dieses Ethanol-Molekül genau in unserem Körper, dass wir uns selbstbewusster und enthemmter fühlen? Schauen wir uns doch mal die Chemie eines Alkoholrauschs an:

In Magen und Dünndarm wird das Ethanol absorbiert und gelangt in die Blutbahn. Das meiste wird der Leber zugeliefert, die sich an den enzymatischen Abbau macht. Ein kleiner Teil wird über die Lunge ausgeschieden und führt zusammen mit Acetaldehyd zur wohlbekannten Alkoholfahne. Unangenehm für die Mitmenschen, aber ein praktischer Indikator für die Polizei. All diese Prozesse sind nichts anderes als der vernünftige Versuch des Körpers, den Alkohol so schnell wie möglich wieder loszuwerden. Aber er kann in der Regel mit einer durchschnittlichen Trinkgeschwindigkeit nicht mithalten, und überschüssiges Ethanol gelangt über die Blutbahn ins Gehirn. Und hier geht der Spaß jetzt richtig los.

Alkohol wirkt auf das Gehirn ähnlich wie Beruhigungs- oder Betäubungsmittel. Das klingt komisch, wenn man sich grölende, betrunkene Menschen vorstellt, die auf Tischen tanzen. Obwohl sich Betrunkene enthemmt fühlen, wirkt Alkohol neuronal betrachtet tatsächlich hemmend. Genau genommen beeinträchtigt Alkohol die Kommunikation zwischen unseren Nervenzellen. Die kommunizieren über Neurotransmitter, wir erinnern uns an *Kapitel 7* und das Serotonin. Ich will euch zwei weitere Neurotransmitter vorstellen, damit ihr euer betrunkenes Ich in Zukunft besser versteht.

Ein Molekül namens **Glutamat** (oder **Glutaminsäure**) kennen wir bereits von weiter oben, es ist eine der zwanzig proteinbildenden Aminosäuren. Glutamat wirkt aber auch als Neurotransmitter, und zwar als sogenannter **erregender**

Neurotransmitter. Bindet Glutamat an seinen Rezeptor, aktiviert es die Kommunikation zwischen den Nervenzellen, es werden mehr Signale gesendet.

Der Gegenspieler ist ein **hemmender Neurotransmitter** namens **GABA,** kurz für gamma-Aminobuttersäure. (Da ist er also wieder, der Neurotransmitter, dessen Ausschüttung durch das Kuschel- beziehungsweise Nichtkuschelhormon Oxytocin stimuliert wird.) Bindet GABA an seinen Rezeptor, hemmt er die Kommunikation und sorgt dafür, dass weniger Signale übermittelt werden.

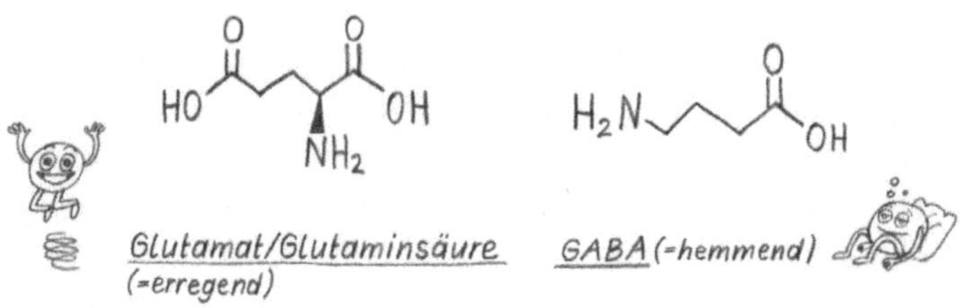

Wir haben bisher schon öfter über Hirnrezeptoren gesprochen – ihr erinnert euch an den Vergleich mit dem Parkplatz. Betrachten wir sie jetzt doch etwas genauer, zumindest im Kontext des Alkoholrausches. Wie so vieles in unserem Körper bestehen Rezeptoren aus Proteinen. Hier können wir sie uns vorstellen wie eine Art Tunnel oder Kanal, der normalerweise geschlossenen ist. Doch wenn der passende Neurotransmitter an den Rezeptor bindet, öffnen sich diese Kanäle für einen kurzen Moment und Ionen (wie Natrium-, Kalium-, Calcium- oder Chlorid-Ionen) können hindurchwandern. Ähnlich wie bei unserem Handyakku entsteht durch das Wandern dieser geladenen Teilchen eine Spannung, welche die Nervenzelle dazu befähigt, elektrische Signale zu senden. Sind diese Ionen positiv geladen, also Kationen, feuert die Nervenzelle Signale. Das ist beim Glutamatrezeptor der Fall. Sind die Ionen negativ geladen, also Anionen, werden die Signale unterdrückt. Das passiert beim GABA-Rezeptor.

Jetzt aber betritt Ethanol die Bühne und bringt alles durcheinander. Das Ethanolmolekül wechselwirkt nämlich sowohl mit dem Glutamatrezeptor als auch mit dem GABA-Rezeptor. Beim Glutamatrezeptor wird der Ionenfluss gehemmt. Die erregende Wirkung des Glutamats wird durch Alkohol also verringert, die Nervenzellen senden weniger Signale. Beim GABA-Rezeptor hingegen sorgt Ethanol dafür, dass die Kanäle länger offen bleiben und mehr Ionen fließen. Die hemmende Wirkung von GABA wird durch Alkohol also verstärkt. Auch das sorgt dafür, dass sich die Nervenzellen weniger Signale senden.

Alkohol macht uns also doppelt langsam im Kopf. Das würde dann auch erklären, warum uns Alkohol dazu bewegt, grölend auf Tischen zu tanzen – die geringe Hirnaktivität hemmt unter anderem soziale Angst und allgemeine Selbstkontrolle. Die heruntergefahrene Hirnaktivität wirkt sich auch auf unsere motorischen Fähigkeiten aus. Wenn unsere Neuronen weniger miteinander kommunizieren, klappen auch so einfache Dinge wie geradeaus gehen nicht mehr so gut. Man fängt außerdem an zu lallen und reagiert nur noch langsam. Mit eingeschlafener Hirnaktivität trifft man auch nicht unbedingt die schlauesten Entscheidungen – wenn ihr schon mal betrunken wart, habt ihr da sicher eure eigenen Anekdoten, die das bestätigen. Generell denkt man weniger, man nimmt weniger wahr, und man erinnert sich weniger.

Unter normalen Umständen ist GABA mit seiner hemmenden Wirkung ein sehr wichtiger Neurotransmitter. Dass wir aktive Gehirnzellen brauchen, leuchtet ein. Aber hier gilt nicht »viel hilft viel«. GABA hilft uns auch dabei, Informationen zu ordnen und zwischen Reizen zu differenzieren.

Ohne die hemmende Wirkung wäre klares Denken schwierig, wir würden vor Reizüberflutung kaputtgehen. Daher werden auch Medikamente, die die GABA-Konzentration erhöhen, bei Epilepsie eingesetzt. So frage ich mich manchmal, ob Betrunkene mit ihrer eingeschlafenen Gehirnaktivität vielleicht sogar ziemlich klar denken – nur eben verdammt wenig. Ich selbst kann das ja nicht persönlich nachvollziehen, aber es passt zumindest zu der Beobachtung, dass Betrunkene ein und dieselbe Idee oder Erkenntnis immer und immer wieder wiederholen.

Der Einfluss von Alkohol auf das Gehirn hört damit noch lange nicht auf. Ethanol sorgt für eine erhöhte Ausschüttung eines besonders herrlichen und zugleich tückischen Neurotransmitters: **Dopamin.** Der Aufgabenbereich dieses Moleküls ist breit: Bewegung, Lernen, Aufmerksamkeit und Emotionen hängen mit Dopamin zusammen. Es ist einer der zentralen Neurotransmitter unseres Belohnungssystems: Wann immer wir etwas tun, das uns Freude bereitet, wird Dopamin ausgeschüttet – und wir wollen mehr davon. Zu viel Dopamin führt zu impulsivem Verhalten, Suchtverhalten und spielt sogar eine wesentliche Rolle bei Schizophrenie. Wird Dopamin erst mal ausgeschüttet, erfordert es Selbstkontrolle, dem Glücksrausch nicht nachzugeben und sich das Weinglas immer und immer wieder nachzuschenken. Besonders schwierig, wenn der Teil des Gehirns, der für Selbstkontrolle zuständig ist, durch den Alkohol schon lahmgelegt ist. So kommt es, dass man die getrunkene Alkoholmenge erst am nächsten Tag bereut.

Matthias, Christine und Torben sind nur ein wenig angeschwipst. Wir haben ja schließlich auch gut gegessen. Da Ethanol durch Magen und Dünndarm in die Blutbahn gelangt, kann ein voller Magen die Aufnahme verlangsamen.

Es sei denn, man leidet unter dem **Eigenbrauer-Syndrom** – unglaubliche Sache, es gibt nur wenige medizinische Fallberichte, aber einen will ich euch nicht vorenthalten:

Die Geschichte beginnt 2004 mit einem Amerikaner mittleren Alters, der nach einer Fuß-OP und anschließender Behandlung mit Antibiotika eine seltsame Feststellung machte: Er vertrug plötzlich viel weniger Alkohol als früher. Nach zwei kleinen Bier war er sturzbesoffen. Und mehr noch, manchmal fühlte er sich besoffen, obwohl er gar nichts getrunken hatte. Seine Frau, eine Krankenschwester, begann seinen Alkoholspiegel mithilfe eines Alkoholmessgeräts zu dokumentieren: 3 Promille waren keine Seltenheit. In Deutschland liegt ab 1,1 Promille eine absolute Fahruntüchtigkeit vor, eine relative bereits bei 0,3 Promille. In den USA liegt die Promillegrenze fürs Autofahren bei 0,8. Der Mann war also in ganz schönen Schwierigkeiten. Das Paar konnte sich seine Alkoholwerte nicht erklären und begann, nach verstecktem Alkohol, etwa in Pralinen oder Ähnlichem, zu suchen, doch nichts ergab so richtig Sinn. Es muss eine vertrauensvolle Ehe gewesen sein, dass sie ihn nicht des heimlichen Saufens bezichtigte. 2009 wurde der Mann schließlich in die Notaufnahme eingeliefert – mit 3,7 Promille, ein lebensgefährlicher Pegel. Und das, obwohl er keinen Alkohol getrunken hatte, so behauptete er zumindest. Die Ärzte glaubten ihm kein Wort und gingen davon aus, dass der Mann ein heimlicher Alkoholiker sein musste.

Doch ein Jahr später war der Mann zurück im Krankenhaus wegen einer Darmspiegelung. Und da entdeckten die Ärzte etwas sehr Seltsames: einen Hefepilz namens *Saccharomyces Cerevisiae,* auch bekannt als Backhefe beziehungsweise – Bierhefe. Bierhefe kommt, wie der Name schon sagt, beim Bierbrauen zum Einsatz. In unserem Verdauungssystem hat der Pilz aber eigentlich nichts verloren. Hatte dieser

Mann etwa eine Brauerei im Bauch? Das gibt dem Begriff »Bierbauch« eine ganz neue Bedeutung.

Die Ärzte gingen der Sache auf den Grund. Im April 2010 wurde der Amerikaner für 24 Stunden ins Krankenhaus eingeliefert, zur Untersuchung seines Hefebauchs. Natürlich durchsuchten die Pfleger den Patienten bei seiner Einlieferung besonders gründlich, ob er nicht doch vielleicht Alkohol hineinschmuggelte. Man war immer noch sehr skeptisch. Die Ärzte gaben dem Mann eine Ladung Zuckerwasser und versorgten ihn mit verschiedenen kohlenhydrathaltigen Snacks. Und tatsächlich: Gegen Nachmittag war der arme Mann betrunken – mit 1,2 Promille. Seine Bierhefe hatte die Kohlenhydrate in Ethanol umgewandelt. Eigenbrauer-Syndrom nennt man dieses Phänomen passenderweise. Die Fälle sind so selten, dass außer einzelnen Fallbeispielen keine genaueren wissenschaftlichen Untersuchungen vorliegen. Dem Mann geht es soweit ich weiß wieder gut, er konnte mit einer Mischung aus Fungizidbehandlung und Low-Carb-Ernährung das Problem wieder in den Griff bekommen. Ich bin jedenfalls froh, dass ich das nicht habe, stellt euch das mal vor.

»Mai«, sagt der Dino. »Ich finde es wirklich bemerkenswert, was du machst, dass du Leute für Chemie begeisterst … aber ich muss dich mal etwas Kritisches fragen.«

Christine lehnt sich gespannt nach vorne. Erst Witze, jetzt kritische Fragen. Der Alkohol wirkt wahre Wunder.

»Du kannst doch nicht die jungen Leute einfach nur blind motivieren«, sagt Torben. »Es können doch nicht alle Chemie studieren! Was für eine Katastrophe!«

Wir lachen, aber Torben meint es eigentlich auch ein bisschen ernst, und ehrlich gesagt sollte man das auch ernst nehmen. Lasst mich das etwas genauer erklären.

Für Chemie begeistern – das ist eines meiner Ziele, die ich mit Überzeugung verfolge. Ich bekomme viele Nachrichten oder Kommentare, die mich sehr glücklich machen. Junge Menschen schreiben mir, dass sie sich zuvor nie für Naturwissenschaften geschweige denn Chemie interessiert hatten, aber durch meine Videos auf den Geschmack gekommen sind. Manche schreiben, dass sie bald eine Ausbildung oder ein Studium beginnen und nennen mich großzügigerweise als Inspiration oder Motivation. Solche Nachrichten sind wiederum die größte Motivation für mich.

Aber warum genau ist das überhaupt wichtig?

»Wir brauchen mehr MINT!«, heißt es immer und immer wieder. MINT steht für Mathematik, Informatik, Naturwissenschaft und Technik (also für alles, was Spaß macht). Und im MINT-Bereich herrscht Fachkräftemangel! So heißt es. Fachkräftemangel ist keine besonders überzeugende Motivation. Außerdem kann sich die aktuelle Arbeitsmarktlage auch immer wieder ändern. Seit Jahren gewinnt die Chemie jährlich über 10000 Studierende. 2017 waren es über 11000 Studienanfänger, so viele wie noch nie. Über 2000 Chemikerinnen und Chemikern wurde 2017 der Doktortitel verliehen. Azubis für Ausbildungsberufe in der Chemiebranche werden zwar händeringend gesucht, aber bei promovierten Chemikern gibt es momentan gar keinen Fachkräftemangel.

»Ich will die Leute eigentlich gar nicht unbedingt für eine Chemieausbildung oder ein Chemiestudium begeistern«, sage ich. »Das ist nur ein Nebeneffekt meiner eigentlichen Mission.«

»MAI MISSION!!«, rufen Matthias und Christine gleichzeitig und prosten sich zu.

Die beiden ziehen mich manchmal ein bisschen auf, weil ich »auf einer Mission bin«. Das klingt etwas pathetisch und für meinen Geschmack eigentlich ein bisschen zu ernst. Aber ich meine es nun einmal ernst, das wissen die beiden auch und unterstützen mich tatkräftig dabei.

Wenn andere sagen, wir brauchen mehr MINT, weil uns Fachkräfte fehlen, dann ist das meiner Meinung nach viel zu kurz gedacht. Das würde ja heißen, dass man junge Leute nicht mehr für MINT begeistern müsste, wenn alle MINT-Jobs vergeben wären. Derzeit müsste man also niemanden für Chemie begeistern, denn es gibt gerade genug promovierte Chemiker auf dem Arbeitsmarkt. Das ist natürlich Quatsch. Ich sage, wir brauchen mehr MINT, weil Mathematik, Informatik, Naturwissenschaft und Technik ein so wichtiger Teil unseres Lebens sind, über den wir Bescheid wissen sollten! Doch man muss es nicht studieren.

Es ist egal, ob du Chemie in der Schule abgewählt hast (ich verzeihe es dir). Es ist auch egal, wenn du Physik cooler findest als Chemie (verzeihe ich dir auch, du solltest allerdings wissen, dass Grenzen zwischen Naturwissenschaften ziehen etwas für Anfänger ist). Und wenn du lieber Schreinerin wirst oder lieber Kunstgeschichte studierst, super! Denn Chemie kann doch genau so ein Hobby sein wie Fußball oder Gitarrespielen. *Jeder* sollte mehr über Chemie wissen!

Doch ich möchte nicht, dass Menschen Chemie lernen, einfach nur damit sie mehr wissen. Ihr habt in diesem Buch viele Sachen gelernt, über Teilchenmodell und Thermodynamik, Schalenmodell und Oktettregel, chemische Bindungen und Wasserstoffbrücken, Oxidationen und Reduktionen, Neurotransmitter und Hormone, Tenside und Fluoride, Theobromin und Koffein – ich könnte die Geschichte meines heutigen Tages noch einmal von vorne erzählen, nur mit komplett anderen chemischen Beispielen. Dasselbe kann man auch mit der Biologie oder der Physik machen. Denn im Detail ist es gar nicht wichtig, was genau ihr aus diesem Buch mitnehmt, solange ihr von einem wissenschaftlichen Spirit angesteckt werdet. Das ist im Grunde meine eigentliche Mission: Mehr wissenschaftlicher Spirit! Meine Waffe der Wahl ist die Chemie, aber es gibt noch viel mehr. Alle Wissenschaften vereint derselbe *Spirit.* Leider gibt es kein deutsches Wort, welches dem gerecht wird, was ich unter Spirit verstehe. Deswegen lasst es mich kurz ausführen:

Wissenschaftlicher Spirit bedeutet, nichts als selbstverständlich hinzunehmen und die Welt zu beobachten, als würde man sie zum ersten Mal sehen. Das Wundersame im Bekannten suchen. Wissenschaftlicher Spirit ist der Moment, in dem man seine tägliche Tasse Kaffee in den Händen hält und feststellt: »Hm. Alles Moleküle. Krass.«

Wissenschaftlicher Spirit bedeutet, Schönheit im Innern der Dinge zu erkennen, die Blume mit den Augen Richard Feynmans zu sehen. Zu sehen, dass mit jeder neuen wissenschaftlichen Erkenntnis mehr Fragen, mehr Wunder und mehr Schönheit hinzukommen.

Wissenschaftlicher Spirit heißt, randomisierte kontrollierte Studien zu feiern, in denen Forscherinnen und Forscher sich selbst blind machen, weil sie wissen, dass unsere persönlichen Erwartungen unser kritisches Denken immer trüben.

Wissenschaftlicher Spirit bedeutet unstillbare Neugier, die selbst das stinkendste Molekül dieser Welt nicht aufhalten kann.

Wissenschaftlicher Spirit ist Freude an Komplexität und dem Widerstehen einfacher Antworten. Wer die Chemie für sich entdeckt und Gefallen daran findet, chemische Zusammenhänge zu verstehen, bereichert damit nicht nur sein Leben und seinen Alltag, sondern wird zwangsläufig auch Spaß an Komplexität entwickeln.

Wissenschaftlicher Spirit bedeutet eine Liebe zu Zahlen und Fakten. Dazu gehören auch ein Bewusstsein für die eigenen Vorurteile, die wir alle haben, sowie ein kritischer Blick auf unsere persönlichen Meinungen und die Bereitschaft, diese jederzeit zu ändern, wenn die Fakten es verlangen. Fakten und persönliche Meinungen dürfen nicht gleichwertig behandelt werden. Bei mancher politischen Debatte fasse ich mir an den Kopf und frage mich: »Warum kann man nicht emotional sein – und trotzdem sachlich?« Doch wenn ich so manche meiner Wissenschaftler-Kollegen beobachte, frage ich mich auch: »Warum kann man nicht sachlich sein – und trotzdem leidenschaftlich?« Sachlichkeit ist nicht zwangsläufig Emotionslosigkeit. Was ich fordere, ist eine Leidenschaft für Sachlichkeit!

»Darauf trink ich«, sagt Christine und hebt ihr Glas, »auf mehr Leidenschaft für Sachlichkeit!«

»Auf mehr Leidenschaft für Sachlichkeit!«, wiederholen wir, unsere Weingläser klirren aneinander, und wie die Atome zusammenstoßen, beginnen sie zu schwingen, die Schallwellen schlagen aus, schieben die Luft wabernd durch den Raum, und die Moleküle tanzen uns in den Ohren.

ANHANG 

Literatur

Angegeben sind die wichtigsten Quellen, insbesondere zu Inhalten, die nicht in Standardlehrbüchern zu finden sind. Die Nennung der Quellen folgt ihrem Vorkommen im Text.

Kapitel 1

Lewy, A.J., Wehr, T.A., Goodwin, F.K., Newsome, D.A. & Markey, S.P. (1980). Light suppresses melatonin secretion in humans. *Science,* 210(4475), 1267–1269.

Herman, J.P., McKlveen, J.M., Ghosal, S., Kopp, B., Wulsin, A., Makinson, R., … & Myers, B. (2016). Regulation of the hypothalamic-pituitary-adrenocortical stress response. *Comprehensive Physiology,* 6(2), 603.

McEwen, B.S. & Stellar, E. (1993). Stress and the individual: mechanisms leading to disease. *Archives of internal medicine,* 153(18), 2093–2101.

Wilhelm, I., Born, J., Kudielka, B.M., Schlotz, W. & Wüst, S. (2007). Is the cortisol awakening rise a response to awakening? *Psychoneuroendocrinology,* 32(4), 358–366.

Wüst, S., Wolf, J., Hellhammer, D.H., Federenko, I., Schommer, N. & Kirschbaum, C. (2000). The cortisol awakening response – normal values and confounds. *Noise Health,* 7, 77–85.

Wren, M.A., Dauchy, R.T., Hanifin, J.P., Jablonski, M.R., Warfield, B., Brainard, G.C., … & Rudolf, P. (2014). Effect of different spectral transmittances through tinted animal cages on circadian metabolism and physiology in Sprague-Dawley rats. *Journal of the American Association for Laboratory Animal Science,* 53(1), 44–51.

van Geijlswijk, I.M., Korzilius, H.P. & Smits, M.G. (2010). The use of exogenous melatonin in delayed sleep phase disorder: a meta-analysis. *Sleep,* 33(12), 1605–1614.

Claustrat, B. & Leston, J. (2015). Melatonin: Physiological effects in humans. *Neurochirurgie,* 61(2–3), 77–84.

Zisapel, N. (2018). New perspectives on the role of melatonin in human sleep, circadian rhythms and their regulation. *British journal of pharmacology.*

Lovallo, W.R., Whitsett, T.L., Al'Absi, M., Sung, B.H., Vincent, A.S. & Wilson, M.F. (2005). Caffeine stimulation of cortisol secretion across the waking hours in relation to caffeine intake levels. *Psychosomatic medicine,* 67(5), 734.

Huang, R. C. (2018). The discoveries of molecular mechanisms for the circadian rhythm: The 2017 Nobel Prize in Physiology or Medicine. *Biomedical journal,* 41(1), 5–8.

Stothard, E.R., McHill, A.W., Depner, C.M., Birks, B.R., Moehlman, T.M., Ritchie, H.K., … & Wright Jr, K.P. (2017). Circadian entrainment to the natural light-dark cycle across seasons and the weekend. *Current Biology,* 27(4), 508–513.

Kapitel 3

Meyer-Lückel, H., Paris, S. & Ekstrand, K. (eds.) Karies: Wissenschaft und Klinische Praxis. Georg Thieme Verlag, 2012.

Choi, A.L., et al. Developmental fluoride neurotoxicity: a systematic review and meta-analysis. *Environmental health perspectives* 120.10 (2012): 1362.

Bashash, Morteza, et al. Prenatal fluoride exposure and cognitive outcomes in children at 4 and 6–12 years of age in Mexico. *Environmental health perspectives* 125.9 (2017): 097017.

EFSA Panel on Dietetic Products, Nutrition, and Allergies (NDA). (2013). Scientific Opinion on Dietary Reference Values for fluoride. *EFSA Journal,* 11(8), 3332.

Kapitel 4

Tremblay, M.S., Colley, R.C., Saunders, T.J., Healy, G.N. & Owen, N. (2010). Physiological and health implications of a sedentary lifestyle. *Applied physiology, nutrition, and metabolism,* 35(6), 725–740.

Baddeley, B., Sornalingam, S. & Cooper, M. (2016). Sitting is the new smoking: where do we stand? *Br J Gen Pract,* 66(646), 258–258. (Die hier zitierte Übersetzung des englischen Originals stammt von Mai Thi Nguyen-Kim.)

World Health Organization. (2017). Noncommunicable diseases: progress monitor 2017.

Forouzanfar, M.H., Afshin, A., Alexander, L.T., Anderson, H.R., Bhutta, Z.A.,

Biryukov, S., … & Cohen, A.J. (2016). Global, regional, and national comparative risk assessment of 79 behavioural, environmental and occupational, and metabolic risks or clusters of risks, 1990–2015: a systematic analysis for the Global Burden of Disease Study 2015. *The Lancet,* 388(10053), 1659–1724.

Chau, J.Y., Bonfiglioli, C., Zhong, A., Pedisic, Z., Daley, M., McGill, B. & Bauman, A. (2017). Sitting ducks face chronic disease: an analysis of newspaper coverage of sedentary behaviour as a health issue in Australia 2000–2012. *Health Promotion Journal of Australia,* 28(2), 139–143.

Ekelund, U., Steene-Johannessen, J., Brown, W.J., Fagerland, M.W., Owen, N., Powell, K.E., … & Lancet Sedentary Behaviour Working Group. (2016). Does physical activity attenuate, or even eliminate, the detrimental association of sitting time with mortality? A harmonised meta-analysis of data from more than 1 million men and women. *The Lancet,* 388(10051), 1302–1310.

O'Donovan, G., Lee, I.M., Hamer, M. & Stamatakis, E. (2017). Association of »weekend warrior« and other leisure time physical activity patterns with risks for all-cause, cardiovascular disease, and cancer mortality. *JAMA internal medicine,* 177(3), 335–342.

Martin, A., Fitzsimons, C., Jepson, R., Saunders, D.H., van der Ploeg, H.P., Teixeira, P.J., … & Mutrie, N. (2015). Interventions with potential to reduce sedentary time in adults: systematic review and meta-analysis. *Br J Sports Med,* 49(16), 1056–1063.

Stamatakis, E., Pulsford, R.M., Brunner, E.J., Britton, A.R., Bauman, A.E., Biddle, S.J. & Hillsdon, M. (2017). Sitting behaviour is not associated with incident diabetes over 13 years: the Whitehall II cohort study. *Br J Sports Med,* bjsports-2016.

Marmot, M. & Brunner, E. (2005). Cohort profile: the Whitehall II study. *International journal of epidemiology,* 34(2), 251–256.

Biswas, A., Oh, P.I., Faulkner, G.E., Bajaj, R.R., Silver, M.A., Mitchell, M.S. & Alter, D.A. (2015). Sedentary time and its association with risk for disease incidence, mortality, and hospitalization in adults: a systematic review and meta-analysis. *Annals of internal medicine,* 162(2), 123–132.

Van Uffelen, J.G., Wong, J., Chau, J.Y., van der Ploeg, H.P., Riphagen, I., Gilson, N.D., … & Gardiner, P.A. (2010). Occupational sitting and health risks: a systematic review. *American journal of preventive medicine,* 39(4), 379–388.

Stamatakis, E., Coombs, N., Rowlands, A., Shelton, N. & Hillsdon, M. (2014). Objectively-assessed and self-reported sedentary time in relation to multiple socioeconomic status indicators among adults in England: a cross-sectional study. *BMJ open,* 4(11), e006034.

Grøntved, A. & Hu, F.B. (2011). Television viewing and risk of type 2 diabetes,

cardiovascular disease, and all-cause mortality: a meta-analysis. *JAMA,* 305(23), 2448–2455.
Stamatakis, E., Hillsdon, M., Mishra, G., Hamer, M. & Marmot, M.G. (2009). Television viewing and other screen-based entertainment in relation to multiple socioeconomic status indicators and area deprivation: The Scottish Health Survey 2003. *Journal of Epidemiology & Community Health,* jech-2008.
Hamer, M., Stamatakis, E. & Mishra, G.D. (2010). Television-and screen-based activity and mental well-being in adults. *American journal of preventive medicine,* 38(4), 375–380.
Pearson, N. & Biddle, S.J. (2011). Sedentary behavior and dietary intake in children, adolescents, and adults: a systematic review. *American journal of preventive medicine,* 41(2), 178–188.
Scully, M., Dixon, H. & Wakefield, M. (2009). Association between commercial television exposure and fast-food consumption among adults. *Public health nutrition,* 12(1), 105–110.

Kapitel 5

Liljenquist, K., Zhong, C.B. & Galinsky, A.D. (2010). The smell of virtue: Clean scents promote reciprocity and charity. *Psychological Science,* 21(3), 381–383.
Vohs, K. D., Redden, J.P. & Rahinel, R. (2013). Physical order produces healthy choices, generosity, and conventionality, whereas disorder produces creativity. *Psychological Science,* 24(9), 1860–1867.
Open Science Collaboration. (2015). Estimating the reproducibility of psychological science. *Science,* 349(6251), aac4716.
Price, D.D., Finniss, D.G. & Benedetti, F. (2008). A comprehensive review of the placebo effect: recent advances and current thought. *Annu. Rev. Psychol.,* 59, 565–590.
Jewett, D.L., Fein, G. & Greenberg, M.H. (1990). A double-blind study of symptom provocation to determine food sensitivity. *New England Journal of Medicine,* 323(7), 429–433.
Benedetti, F., Lanotte, M., Lopiano, L. & Colloca, L. (2007). When words are painful: unraveling the mechanisms of the nocebo effect. *Neuroscience,* 147(2), 260–271.

Kapitel 6

Yogeshwar, R. »What's in it for me?« Siehe: https://www.spektrum.de/kolumne/und-was-bringts-mir/1563312 oder: https://www.meta-magazin.org/2018/

05/05/whats-in-for-me-oder-wieso-das-grassierende-kraemerdenken-die-wissenschaft-bedroht/

Rohrig, B. (2015). Smartphones. *ChemMatters,* 11.

Buchmann, I. (2001). *Batteries in a portable world: a handbook on rechargeable batteries for non-engineers.* Richmond: Cadex Electronics.

Braga, M.H., M Subramaniyam, C., Murchison, A.J. & Goodenough, J.B. (2018). Nontraditional, Safe, High Voltage Rechargeable Cells of Long Cycle Life. *Journal of the American Chemical Society,* 140(20), 6343–6352.

Kapitel 7

Asberg, M., Thoren, P., Traskman, L., Bertilsson, L. & Ringberger, V. (1976). Serotonin depression – a biochemical subgroup within the affective disorders? *Science,* 191(4226), 478–480.

Song, F., Freemantle, N., Sheldon, T.A., House, A., Watson, P., Long, A. & Mason, J. (1993). Selective serotonin reuptake inhibitors: meta-analysis of efficacy and acceptability. *Bmj,* 306(6879), 683–687.

Owens, M.J. & Nemeroff, C.B. (1994). Role of serotonin in the pathophysiology of depression: focus on the serotonin transporter. *Clinical chemistry,* 40(2), 288–295.

Whittington, C.J., Kendall, T., Fonagy, P., Cottrell, D., Cotgrove, A. & Boddington, E. (2004). Selective serotonin reuptake inhibitors in childhood depression: systematic review of published versus unpublished data. *The Lancet,* 363(9418), 1341–1345.

Fergusson, D., Doucette, S., Glass, K.C., Shapiro, S., Healy, D., Hebert, P. & Hutton, B. (2005). Association between suicide attempts and selective serotonin reuptake inhibitors: systematic review of randomised controlled trials. *Bmj,* 330(7488), 396.

Risch, N., Herrell, R., Lehner, T., Liang, K.Y., Eaves, L., Hoh, J., … & Merikangas, K.R. (2009). Interaction between the serotonin transporter gene (5-HTTLPR), stressful life events, and risk of depression: a meta-analysis. *Jama,* 301(23), 2462–2471.

Karg, K., Burmeister, M., Shedden, K. & Sen, S. (2011). The serotonin transporter promoter variant (5-HTTLPR), stress, and depression meta-analysis revisited: evidence of genetic moderation. *Archives of general psychiatry,* 68(5), 444–454.

Aguilar, F., Autrup, H., Barlow, S., Castle, L., Crebelli, R., Dekant, W., … & Gürtler, R. (2008). Assessment of the results of the study by McCann et al. (2007) on the effect of some colours and sodium benzoate on children's behaviour. *The EFSA Journal,* 660, 1–54.

McCann, D., Barrett, A., Cooper, A., Crumpler, D., Dalen, L., Grimshaw, K., … & Sonuga-Barke, E. (2007). Food additives and hyperactive behaviour in 3-year-old and 8/9-year-old children in the community: a randomised, double-blinded, placebo-controlled trial. *The Lancet,* 370(9598), 1560–1567.

Schab, D.W. & Trinh, N.H.T. (2004). Do artificial food colors promote hyperactivity in children with hyperactive syndromes? A meta-analysis of double-blind placebo-controlled trials. *Journal of Developmental & Behavioral Pediatrics,* 25(6), 423–434.

Watson, R. (2008). European agency rejects links between hyperactivity and food additives. *BMJ: British Medical Journal,* 336(7646), 687.

EFSA Panel on Food Additives and Nutrient Sources (ANS). (2016). Scientific Opinion on the re-evaluation of benzoic acid (E 210), sodium benzoate (E 211), potassium benzoate (E 212) and calcium benzoate (E 213) as food additives. *EFSA Journal,* 14(3), 4433.

Kapitel 8

Brief von Erick M. Carreira: Hier lässt sich die Originalquelle nicht mehr rekonstruieren. Der Brief wurde irgendwann geleakt und kursiert seitdem im Netz. Ein Foto davon findet man etwa unter: http://www.chemistry-blog.com/tag/carreira-letter/; die hier zitierte Übersetzung stammt von Mai Thi Nguyen-Kim.

Kapitel 9

Zeng, X.-N., et al. Analysis of characteristic odors from human male axillae. *Journal of Chemical Ecology* 17.7 (1991): 1469–1492.

Fredrich, E., Barzantny, H., Brune, I. & Tauch, A. (2013). Daily battle against body odor: towards the activity of the axillary microbiota. *Trends in Microbiol* 21(6), 305–312.

The Chemistry of Body Odours – Sweat, Halitosis, Flatulence & Cheesy Feet. Compound Interest, 14. April 2014. Siehe: https://www.compoundchem.com/2014/04/07/the-chemistry-of-body-odours-sweat-halitosis-flatulence-cheesy-feet/

Suarez, F.L., Springfield, J. & Levitt, M.D. (1998). Identification of gases responsible for the odour of human flatus and evaluation of a device purported to reduce this odour. *Gut,* 43(1), 100–104.

Fromm, E. & Baumann, E. (1889). Ueber Thioderivate der Ketone. *Berichte der deutschen chemischen Gesellschaft,* 22(1), 1035–1045.

Baumann, E., & Fromm, E. (1889). Ueber Thioderivate der Ketone. *Berichte der deutschen chemischen Gesellschaft,* 22(2), 2592–2599.

Krewski, D., Yokel, R.A., Nieboer, E., Borchelt, D., Cohen, J., Harry, J., … & Rondeau, V. (2007). Human health risk assessment for aluminium, aluminium oxide, and aluminium hydroxide. *Journal of Toxicology and Environmental Health, Part B,* 10(S1), 1–269.

Bundesinstitut für Risikobewertung (2014). Aluminiumhaltige Antitranspiranten tragen zur Aufnahme von Aluminium bei. Stellungnahme Nr. 007/2014. Siehe: http://www. bfr. bund. de/cm/343/aluminiumhaltigeantitranspiranten-tragen-zur-aufnahme-von-aluminium-bei. pdf.

Callewaert, C., De Maeseneire, E., Kerckhof, F.M., Verliefde, A., Van de Wiele, T. & Boon, N. (2014). Microbial odor profile of polyester and cotton clothes after a fitness session. *Applied and environmental microbiology,* AEM-01422.

Kapitel 10

Hampson, N.B., Pollock, N.W. & Piantadosi, C.A. (2003). Oxygenated water and athletic performance. *JAMA,* 290(18), 2408–2409.

Eweis, D. S., Abed, F. & Stiban, J. (2017). Carbon dioxide in carbonated beverages induces ghrelin release and increased food consumption in male rats: Implications on the onset of obesity. *Obesity research & clinical practice,* 11(5), 534–543.

Vartanian, L.R., Schwartz, M.B. & Brownell, K.D. (2007). Effects of soft drink consumption on nutrition and health: a systematic review and meta-analysis. *American journal of public health,* 97(4), 667–675.

Mourao, D.M., Bressan, J., Campbell, W.W. & Mattes, R.D. (2007). Effects of food form on appetite and energy intake in lean and obese young adults. *International journal of obesity,* 31(11), 1688.

Kapitel 11

Baggott, M.J., Childs, E., Hart, A.B., De Bruin, E., Palmer, A.A., Wilkinson, J.E. & De Wit, H. (2013). Psychopharmacology of theobromine in healthy volunteers. *Psychopharmacology,* 228(1), 109–118.

Judelson, D.A., Preston, A.G., Miller, D.L., Muñoz, C.X., Kellogg, M.D. & Lieberman, H.R. (2013). Effects of theobromine and caffeine on mood and vigilance. *Journal of clinical psychopharmacology,* 33(4), 499–506.

Mumford, G.K., Evans, S.M., Kaminski, B.J., Preston, K.L., Sannerud, C.A., Silverman, K. & Griffiths, R.R. (1994). Discriminative stimulus and subjective effects of theobromine and caffeine in humans. *Psychopharmacology,* 115(1–2), 1–8.

Li, X., Li, W., Wang, H., Bayley, D.L., Cao, J., Reed, D.R., … & Brand, J.G. (2006). Cats lack a sweet taste receptor. *The Journal of nutrition,* 136(7), 1932S-1934S.

Li, X., Glaser, D., Li, W., Johnson, W.E., O'brien, S.J., Beauchamp, G.K. & Brand, J. G. (2009). Analyses of sweet receptor gene (Tas1r2) and preference for sweet stimuli in species of Carnivora. *Journal of Heredity,* 100(S1), 90–100.

Huth, P.J. (2007). Do ruminant trans fatty acids impact coronary heart disease risk?. *Lipid technology,* 19(3), 59–62.

Joint, F.A.O. & Consultation, W.E. (2009). Fats and fatty acids in human nutrition. *Ann Nutr Metab,* 55(1–3), 5–300.

Nishida, C. & Uauy, R. (2009). WHO Scientific Update on health consequences of trans fatty acids: introduction. *European journal of clinical nutrition,* 63(S2), 1–4.

Simopoulos, A.P., Leaf, A. & Salem Jr, N. (1999). Essentiality of and recommended dietary intakes for omega-6 and omega-3 fatty acids. *Annals of Nutrition and Metabolism,* 43(2), 127–130.

Servick, K. (2018). The war on gluten.

Catassi, C., Bai, J.C., Bonaz, B., Bouma, G., Calabrò, A., Carroccio, A., … & Francavilla, R. (2013). Non-celiac gluten sensitivity: the new frontier of gluten related disorders. *Nutrients,* 5(10), 3839–3853.

Bomgardner, M.M. (2016). The problem with vanilla. *Chemical & Engineering News,* 94(36), 38–42.

Kapitel 12

Zum Interview mit Richard Feynman gibt es ein YouTube-Video unter: https://youtu.be/ZbFM3rn4ldo; die Übersetzung des hier zitierten Ausschnitts stammt von Mai Thi Nguyen-Kim.

Marazziti, D. & Canale, D. (2004). Hormonal changes when falling in love. *Psychoneuroendocrinology,* 29(7), 931–936.

Mercado, E. & Hibel, L.C. (2017). I love you from the bottom of my hypothalamus: The role of stress physiology in romantic pair bond formation and maintenance. *Social and Personality Psychology Compass,* 11(2), e12298.

Cohen, S., Janicki-Deverts, D., Turner, R.B. & Doyle, W.J. (2015). Does hugging provide stress-buffering social support? A study of susceptibility to upper respiratory infection and illness. *Psychological science,* 26(2), 135–147.

Murphy, M.L., Janicki-Deverts, D. & Cohen, S. (2018). Receiving a hug is associated with the attenuation of negative mood that occurs on days with interpersonal conflict. *PloS one,* 13(10), e0203522.

Pedersen, C.A. & Prange, A.J. (1979). Induction of maternal behavior in virgin rats after intracerebroventricular administration of oxytocin. *Proceedings of the National Academy of Sciences,* 76(12), 6661–6665.

Cho, M.M., DeVries, A.C., Williams, J.R. & Carter, C.S. (1999). The effects of oxytocin and vasopressin on partner preferences in male and female prairie voles (Microtus ochrogaster). *Behavioral neuroscience,* 113(5), 1071.

Williams, J.R., Insel, T.R., Harbaugh, C.R. & Carter, C.S. (1994). Oxytocin administered centrally facilitates formation of a partner preference in female prairie voles (Microtus ochrogaster). *Journal of neuroendocrinology,* 6(3), 247–250.

Baumgartner, T., Heinrichs, M., Vonlanthen, A., Fischbacher, U. & Fehr, E. (2008). Oxytocin shapes the neural circuitry of trust and trust adaptation in humans. *Neuron,* 58(4), 639–650.

Ott, V., Finlayson, G., Lehnert, H., Heitmann, B., Heinrichs, M., Born, J. & Hallschmid, M. (2013). Oxytocin reduces reward-driven food intake in humans. *Diabetes,* DB_130663.

Guzmán, Y.F., Tronson, N.C., Jovasevic, V., Sato, K., Guedea, A.L., Mizukami, H., ... & Radulovic, J. (2013). Fear-enhancing effects of septal oxytocin receptors. *Nature neuroscience,* 16(9), 1185.

Guzmán, Y.F., Tronson, N.C., Sato, K., Mesic, I., Guedea, A.L., Nishimori, K. & Radulovic, J. (2014). Role of oxytocin receptors in modulation of fear by social memory. *Psychopharmacology,* 231(10), 2097–2105.

De Dreu, C.K., Greer, L.L., Van Kleef, G.A., Shalvi, S. & Handgraaf, M.J. (2011). Oxytocin promotes human ethnocentrism. *Proceedings of the National Academy of Sciences,* 108(4), 1262–1266.

Guastella, A.J., Einfeld, S.L., Gray, K.M., Rinehart, N.J., Tonge, B.J., Lambert, T.J. & Hickie, I. B. (2010). Intranasal oxytocin improves emotion recognition for youth with autism spectrum disorders. *Biological psychiatry,* 67(7), 692–694.

Young, L.J. & Barrett, C.E. (2015). Can oxytocin treat autism? *Science,* 347(6224), 825–826.

Owen, S.F., Tuncdemir, S.N., Bader, P.L., Tirko, N.N., Fishell, G. & Tsien, R.W. (2013). Oxytocin enhances hippocampal spike transmission by modulating fast-spiking interneurons. *Nature,* 500(7463), 458.

Kapitel 13

Wall, T.L., Thomasson, H.R., Schuckit, M.A. & Ehlers, C.L. (1992). Subjective feelings of alcohol intoxication in Asians with genetic variations of ALDH2 alleles. *Alcoholism: Clinical and Experimental Research,* 16(5), 991–995.

Cook, T.A., Luczak, S.E., Shea, S.H., Ehlers, C.L., Carr, L.G. & Wall, T.L. (2005). Associations of ALDH2 and ADH1B genotypes with response to alcohol in Asian Americans. *Journal of Studies on Alcohol,* 66(2), 196–204.

Boffetta, P. & Hashibe, M. (2006). Alcohol and cancer. *The lancet oncology,* 7(2), 149–156.

World Health Organization. (2018). Global status report on alcohol and health 2018. In: *Global status report on alcohol and health 2018.*

Bhandage, A.K. (2016). Glutamate and GABA signalling components in the human brain and in immune cells. *Digital Comprehensive Summaries of Uppsala Dissertations from the Faculty of Medicine 1218.* 81 pp.

Boileau, I., Assaad, J.M., Pihl, R.O., Benkelfat, C., Leyton, M., Diksic, M., … & Dagher, A. (2003). Alcohol promotes dopamine release in the human nucleus accumbens. *Synapse,* 49(4), 226–231.

Cordell, B. & McCarthy, J. (2013). A case study of gut fermentation syndrome (auto-brewery) with Saccharomyces cerevisiae as the causative organism. *International Journal of Clinical Medicine,* 4(07), 309.

Register

Mai Thi Nguyen-Kim

DIE KLEINSTE GEMEINSAME WIRKLICHKEIT

Wahr, falsch, plausibel – die größten Streitfragen wissenschaftlich geprüft

Fakten gegen Fakes!

Hilft Schulmedizin immer besser als alternative Methoden? Warum denken (und verdienen) Männer und Frauen unterschiedlich? Sind Tierversuche vertretbar? Und Impfungen sicher? Nicht erst seit Corona sind Fragen aus der Wissenschaft auch gesellschaftlich heftig umstritten. Aber die Grenze zwischen gesunder Skepsis und Verschwörungsmythen verschwimmt oft. Deswegen widmet sich die bekannte Wissenschaftsjournalistin und Bestsellerautorin Mai Thi Nguyen-Kim nun brennenden Themen unserer Gegenwart, und zwar fundiert, verständlich, unterhaltsam. Ihre Devise: nicht weniger streiten, nur besser – und genau dafür braucht es die kleinste gemeinsame Wirklichkeit.

»In der gegenwärtigen Situation einen Nerv getroffen.«
Frankfurter Allgemeine Zeitung

DROEMER